Mein cooler Roller

Mein cooler Roller

kultig · frech · heiß geliebt

Chris Haddon

Fotografiert von **Lyndon McNeil**

Aus dem Englischen
von Claudia Arlinghaus

KNESEBECK

Inhalt

Einführung

Der Motorroller: So viel mehr als nur Lückenfüller zwischen Fahrrad einerseits und Motorrad oder Automobil andererseits. Den Menschen im Nachkriegseuropa brachte er Mobilität, die es anders nicht gegeben hätte. Der Scooter vereinte die besten Aspekte der existierenden Transportmittel zu einem flinken, bezahlbaren Gefährt mit Flair – ideal, um sich durch das Verkehrsgewimmel auf schmalen, holprigen Straßen zu schlängeln. Noch wichtiger war, dass er dem einfachen Bürger das ersehnte flotte Fortkommen ermöglichte, das bisher einigen wenigen Wohlhabenden vorbehalten war. Was sich nun entwickelte, war geradezu phänomenal, etwas weit Umfassenderes als das angepeilte Massentransportmittel. Der Roller wurde gleichbedeutend mit Freiheit schlechthin, er wurde zum Symbol für einen Lifestyle voller Zuversicht in einer entbehrungsreichen Zeit. Diese Romanze musste ihre Spuren in Film und Literatur hinterlassen, wodurch ihre sozialgeschichtliche Bedeutung zusätzlich gefestigt wurde: Der Motorroller ist eine der richtungweisenden Ikonen des 20. Jahrhunderts. Zwar gab es bereits vor der kargen Nachkriegszeit ähnliche Gefährte. Doch diese Pioniere sah man selten, und viele Modelle der ersten Generation wurden durch ihren hohen Preis und ein unhandliches Design ausgebremst. So blieb es der zweiten Generation der Roller-Konstrukteure überlassen, die uns vertraute Form zu skizzieren.

Die Frage, was denn nun den Roller ausmache, wird immer wieder diskutiert – ist es der Durchstieg, der hinten angeordnete Motor, der geringe Raddurchmesser? Doch was immer man zum entscheidenden Merkmal erklärt – der klassische italienische Roller ist und bleibt unverwechselbar. Entscheidend für die Entwicklung dessen, was so viele heute bewundern, war Stahlrohrfabrikant Ferdinando Innocenti, der den Ruf des jungen Marktes nach einem bezahlbaren Motorroller bereits vernahm, bevor dieser wirklich laut wurde. Er wandte sich an den italienischen Luftfahrtingenieur Corradino D'Ascanio, der seinen Beruf nicht mehr ausüben konnte, da seit dem Krieg in Italien Erforschung und Bau von Militär- und Flugtechnologie Beschränkungen unterlagen. D'Ascanio machte sich an den Entwurf eines einfachen, robusten, leicht zu beherrschenden Rollers für Mann und Frau, der erschwinglich und sparsam im Verbrauch war, mit teilwesem Regenschutz und einem Soziussitz. Dazu die ganzen hässlichen Motorteile schön versteckt, für all diejenigen, denen es egal war, wie das Gefährt funktionierte – Hauptsache, es fuhr.

Allerdings kam es zwischen D'Ascanio und Innocentis Firma zum Zerwürfnis, als Innocenti partout auf einem Rahmen aus Stahlrohr bestand, was seinem Unternehmen zum Aufschwung verhelfen sollte. D'Ascanio trug daraufhin seinen Lieblingsentwurf, einen aeronautisch inspirierten selbsttragenden Rahmen, zu einem Geschäftsmann, der ein offenes Ohr für ihn hatte: Enrico Piaggio. Die Liaison trug Piaggio die Führung im Wettrennen der Rollerfabrikanten ein; er entwickelte D'Ascanios Originalkonzept weiter und brachte 1946 den

Roller mit Wespentaille auf den Markt – die Vespa 98. Innocentis Lambretta M (A), von Giuseppe Lauro entworfen und benannt nach dem Mailänder Stadtteil Lambrate, wo die Fertigungshalle stand, folgte im Jahr darauf. So begann die Markenrivalität, die von den Getreuen noch heute in aller Freundschaft fortgeführt wird. In einer Beziehung allerdings lagen beide Hersteller kopfauf: Sie hatten einen deutlichen Vorsprung vor der Konkurrenz, die bald nach ihnen auf den Plan trat.

Die Liebe zum Roller traf Italien wie der Blitz, und die Welt sah staunend zu. Neugierig blickten potenzielle Kunden auf die neue Mobilität, die soziale Grenzen aufweichte, und Fabrikanten gelüstete es nach einem eigenen Stück vom Kuchen des boomenden Marktes. In fernsten Landen versuchte man sich am Scooter-Design, mit bisweilen exzentrisch anmutenden Ergebnissen. Manche erwiesen sich als erfolgreich, andere nicht. Die meisten blieben auf der Strecke, als das Automobil erschwinglicher wurde. In den frühen Siebzigern schließlich hatte die Verliebtheit ein Ende: Andere Verkehrsteilnehmer begegneten dem Roller plötzlich mit einer Attitüde, die empfindliche Gemüter lieber aus ihrer Erinnerung verbannen.

Zwar lässt sich der Scooter mit verschiedenen jugendlichen Subkulturen in Verbindung bringen, doch an vorderster Stelle wird immer die Zeit der »Mods« genannt werden. So werden die folgenden Seiten unweigerlich immer wieder Bezug auf diese Bewegung der britischen *modernists* nehmen, die in den 1960er-Jahren quasi über Nacht entstand und Ende der 1970er-Jahre erneut auflebte. Auch wird es darum gehen, wie sehr Musik, Mode und Motorroller damals ganze Lebensläufe beeinflussten. In beiden Jahrzehnten ließen sich beeindruckbare Teenager freudig von der Woge erfassen und von dem mitreißenden Lebensgefühl forttragen. So begann der ständige Wetteifer der Jugend, der Mode immer einen Schritt voraus zu sein – sei es mit einem aufgemotzten Roller oder mit dem eigenen Äußeren. Viele Jahre sind seitdem vergangen, doch daran hat sich nicht viel geändert: Von Scheinwerfern und Spiegeln über Embleme bis hin zu Schriftenmalerei – noch immer spiegelt sich die Persönlichkeit des Besitzers in seinem Scooter, und immer ist es sein Ziel, sich von der Menge abzuheben.

Bei der Recherche für dieses Buch lernten Lyndon McNeil und ich nicht nur den Duft des Zweitakters schätzen – in vieler Leute Nasen eher unwillkommen, wie man Lyndon mehr als einmal deutlich zu verstehen gab –, sondern wir durften wieder einmal in ein spannendes Thema eintauchen. Die begeisterten Reaktionen der Scooteristi machten dieses Abenteuer zum Hochgenuss. Fasziniert lauschten wir Anekdoten darüber, wie die Roller an ihre Besitzer gekommen waren und gelegentlich sogar einen Lebensweg verändert und bereichert hatten. Dieser Enthusiasmus kommt in den Begleittexten zu den Fotos hoffentlich deutlich zum Ausdruck.

Nicht selten ist das erste Design auch das beste – nur wenige Roller auf den folgenden Seiten stammen nicht aus Italien. Mit ihnen möchte ich derzeitige wie zukünftige Rollerbesitzer auf diese oft unbesungenen Helden aufmerksam machen: Ein Auftritt, den sie sich verdient haben. Ich hoffe, der Mix an Marken und Ausführungen trifft auf Ihre Sympathie und kann das Stereotyp, jeder Besitzer eines Roller-Klassikers gehöre der Chrom-und-Spiegel-Fraktion an, ein wenig widerlegen. An alle, die dabei geholfen haben: Vielen Dank – es war grandios!

Lieblingsstücke

Wer sich für die Klassiker unter den Motorrollern begeistert, hat sich kein billiges Hobby gesucht. Umso mehr interessierte uns, warum die in diesem Abschnitt vorgestellten Aficionados ihre Scooter so sehr schätzen und was sie davon abhält, ihre lebhaft nachgefragten Design-Ikonen in klingende Münze zu verwandeln. Im Prinzip lässt sich das zwar über die meisten Rollereigner in diesem Buch sagen, doch verdient die unbeirrbare Treue der auf den folgenden Seiten vorgestellten Scooterfans ganz besondere Beachtung.

Dass diese Roller ihren Besitzern so sehr am Herzen liegen, hat unterschiedlichste Gründe. Mal sind es die vielen gemeinsamen Jahre, die die Zukunft sichern – Erinnerungen an vergangene Zeiten oder an einen lieben Menschen. Dann wieder sind es die besonderen Umstände, unter denen der Eigentümer an seinen Roller kam – durch einen glücklichen Zufall oder dadurch, dass er das Vertrauen des Vorbesitzers erlangte, sodass der Kauf perfekt wurde. Ein Scooter-Liebhaber fand durch seine zufällig geweckte Begeisterung für Roller seinen Weg durchs Leben. Manchmal vergingen auch lange Jahre der Beobachtung, des Abwartens, bis es zwischen Fahrer und Fahrzeug funkte. In diesem Buchabschnitt sind Familienerbstücke, Schraubergeschick und anderes mehr versammelt.

Mit dem Besitz eines Rollers geht oft wesentlich mehr einher als das Offensichtliche – Äußerlichkeiten sind längst nicht alles. Kaum zwei Rollerfahrer lieben ihren Oldtimer aus demselben Grund: Ich möchte Ihnen zeigen, wie es jeweils dazu kam, und hoffe, Ihnen gefallen die teils sehr inspirierenden Geschichten ebenso wie die schönen Klassiker selbst.

»Leute einer bestimmten Altersgruppe werden richtig sehnsüchtig, wenn sie so einen Smallframe-Roller mit 90 Kubik sehen, es haben wohl viele auf einem ähnlichen Scooter zum ersten Mal echte Freiheit geschmeckt«, meint Kunstdozent Adam. Sein Faible für das Design der 1950er- und 1960er-Jahre teilt seine Lebensgefährtin Louise: »Wir finden zwar nicht so viel Beachtung wie die schicken Ausstellungsstücke, aber manche Leute finden den Urzustand unseres Rollers einfach unglaublich – erst recht heutzutage, wo ein aus der Zeit gefallenes Exemplar wie diese Vespa 90 von Douglas immer seltener zu sehen ist. Dass wir diesen Roller fanden, war reines Anfängerglück. Auslöser war wohl eine kleine Midlife-Crisis unsererseits: Also beschlossen wir beide, einfach umzusetzen, worüber wir bis dahin nur gesprochen hatten – darauf zu warten, dass die Sterne genau richtig stehen, dauerte einfach zu lange.«

Adam fährt fort: »Wir fingen an, Scooter-Outlets zu durchstöbern; die Modelle dort brachten uns richtig zum Schwärmen. Wir wagten uns allerdings zum ersten Mal in die Welt der Oldtimer vor (den alten geerbten Skoda einmal nicht mitgezählt). Darum beschlossen wir, es erst einmal auf Einsteigerniveau zu versuchen, und haben unsere Suche auf das Internet ausgeweitet, in der Hoffnung auf ein Schnäppchen. Das brachte Erfolg, ich entdeckte nämlich eine Kleinanzeige, die gerade erst gepostet worden war. Die Anbieterin erzählte, der Roller sei

Vespa 90

seit 1966 in Familienbesitz – da hatte ihr Vater ihn fabrikneu gekauft. Sie erinnerte sich noch genau an den Tag: Sie selbst hatte die Farbe aussuchen dürfen. Ihr Vater fuhr ihn mehrere Monate, dann gab es unerwartet eine Veränderung, der Roller wurde nicht mehr gebraucht und stand gut zehn Jahre im Schuppen.

Dann war ihr Mann an der Reihe – er fuhr die Vespa eine Weile, um sie dann seinerseits weitere zehn Jahre zu parken. Ans Licht wurde sie erst wieder in den Achtzigern geholt, als ihr Sohn damit zur Uni fuhr. Und dann staubte der Roller 25 weitere Jahre vor sich hin, bis sie ihn nun widerwillig zum Verkauf anbot – ein Umzug nach Schottland ließ ihr keine Wahl.

Die Vespa stand in London, also bat ich Niall von Retrospective Scooters um seine Meinung, und die lautete: ›Der lohnt sich!‹ Mehr Bestätigung brauchten wir nicht, und bald gehörte der Scooter mitsamt Originalunterlagen – Kfz-Brief usw. – uns. Dass die Historie des Rollers komplett dokumentiert ist, macht ihn besonders wertvoll. Wir haben ihn ein bisschen poliert – viel mehr war, ist und wird auch nicht nötig sein. Daran etwas zu restaurieren wäre Frevel. Sein gemütliches Tempo gefällt uns sehr, so können wir unsere Ausfahrten genießen. Ab und an ist er bockig, genau wie ich auch manchmal – er ist wohl nicht gewohnt, so oft aus dem Stall zu kommen. Er würde wohl gern wieder eine längere Pause einlegen, aber darauf muss er noch eine Weile warten.«

Muttis Flitzer

»Der Roller war für mich weder Statement noch Mode – er war einfach nur praktisch, ich kam damit hin, wo ich hinwollte. Trends interessierten mich nicht, selbst eine gewisse vierköpfige Band aus Liverpool blieb von mir unbemerkt. Damals wurden die Leute sehr zum Rollerfahren und dem entsprechenden Lifestyle ermuntert«, erklärt Audrey, die ihre Lambretta Li 150 im Jahr 1960 fabrikneu erwarb. »Meine neu entdeckte Freiheit war aufregend und beängstigend zugleich – das war etwas ganz anderes als mein Fahrrad. Sie verlieh mir Flügel. Mit einer Freundin bin ich sogar durch Nordfrankreich und Holland getourt!

Ich bin mit dem Roller auch zu meiner Arbeit als Zahnarzthelferin in die Sloane Street in London gefahren. Dort habe ich übrigens auch meinen inzwischen verstorbenen Mann Michael kennengelernt. Er war Patient bei uns und hat mich total fasziniert. Ich habe sogar in seine Unterlagen geschaut und dabei festgestellt, dass er in Cambridge studiert hatte. Ein ›Sloane Ranger‹ war er nicht: Er kam jedes Mal auf seiner braven Rostlaube daher, und seine Jacke starrte derart vor Motorfett, dass man sie hinstellen konnte. Er war Rechtsanwalt, ein Einzelkämpfer – man könnte sagen, ein Exzentriker – mit so hohen Moralansprüchen, dass diesen kaum jemand genügte. Das Rechtswesen hat ihn allerdings dermaßen desillusioniert, dass er eine revolutionäre Anleitung verfasste, wie man bei einer Eigentumsübertragung ohne Notar auskommt.

Unsere Beziehung blühte auf, und wir gingen oft auf weite Fahrt – auf den Scooter war dabei immer Verlass. Als wir dann verheiratet waren, fuhr Michael damit zu seiner Arbeit in der Londoner Innenstadt. Wir haben den Roller kaum je gewartet, er wurde weder geputzt noch gepäppelt. Für Michael war er in erster Linie ein praktisches Transportmittel fern der Massen, aber trotzdem hing er genauso daran wie wir alle. Seine Jura-Kollegen kannten ihn bald nur noch auf der Lambretta, die oft schwer an den Büchern und Akten zu tragen hatte, die er auf dem Gepäckträger festzurrte. Sogar zu einem Ehemaligentreffen in Cambridge, zu dem seine Studienkollegen im Porsche und im Jaguar anreisten, fuhr er auf der Lambretta. Er hat sie jeden Tag gefahren, bis zu seinem Sterbetag; zum Schluss sah sie ziemlich klapprig aus. Ich konnte wirklich nichts Besseres tun, als den Scooter meinem Sohn Guy zu vermachen, der sehr in der Rollerszene engagiert war.«

Und Guy fügt hinzu: »Ich habe mich darangemacht und dem Roller zu altem Glanz verholfen. Ich habe Zweitaktgemisch im Blut, und diese Lambretta ist aus der Familie Joseph nicht wegzudenken. Momentan ist sie in meiner Obhut, und irgendwann werde ich sie an meine Älteste weitergeben. An ihrem Namen wird das nichts ändern: Muttis Flitzer.«

Silver

»Man darf mich ruhig als notorischen Sammler bezeichnen – dem kann ich schlecht widersprechen, schließlich haben mir zeitweise 26 Scooter gehört!«, erklärt Simon, dessen Pilotenkarriere mit siebzehn Jahren auf einer Vespa 125 begann. Wer weiß, warum sein Vater dann eines Tages eine ramponierte, renovierungsbedürftige Lambretta anschleppte, vielleicht wollte er seine eigene rollernde Jugend wieder aufleben lassen. Simon jedenfalls musste nicht lange zu dem Vater-Sohn-Projekt überredet werden.

»Jeden Penny, den ich in meinem Teilzeitjob verdiente, habe ich in die Aufarbeitung gesteckt. Samstag war Zahltag, und so etablierte sich bald ein Ritual, das die nächsten zwölf Monate andauerte: Ich marschierte schnurstracks zum Scootershop und kaufte das nächste Ersatzteil auf meiner Liste. Als der Roller dann lief, fuhr ich ihn mehrere Monate. Dann starb mein Vater unerwartet, und der Scooter bekam für mich eine ganz andere Bedeutung, er wurde zur greifbaren Verbindung mit meinem Vater. Er hat für mich solchen Erinnerungswert, dass er seit 1986 in meinem Wohnzimmer steht – ich habe ihn nie wieder gefahren.

Ein anderer Roller, an dem ich besonders hänge, ist meine 1959er Lambretta Li 150 – weder mein seltenstes noch mein schönstes Modell, aber sie spielte beim ersten Date mit meiner Freundin eine Rolle: Wir machten damit einen romantischen drehzahlstarken Sonntagsausflug aufs Land.

Ich habe sie online ersteigert, so wie viele andere. Ich habe geboten, ich bekam den Zuschlag, und kurz darauf bin ich sie abholen gefahren. Wie die meisten Online-Käufer schrecke ich nicht vor ein wenig

Feilscherei zurück, erst recht nicht, wenn im Angebot etwas verschwiegen wurde. Aber diesmal bestimmt nicht: Mich begrüßte ein wahrer Riese mit kahlgeschorenem Kopf, er füllte den gesamten Türrahmen aus. Er duckte sich seitwärts unter dem Türbalken durch, sah mir kurz in die Augen und führte mich zur Garage. Dabei murmelte er: ›Da steht sie. Sie bekommen sie zu einem guten Preis – keine Feilscherei!‹

Er fragte, ob ich eine Probefahrt wollte, und ich nahm dankend an. Anstatt jedoch gewohnt flott aus dem Stand zu beschleunigen, schlich der Roller los, als habe jemand hinten ein Bungee-Seil eingehakt. Der Verkäufer rief: ›Drehen Sie mal ordentlich auf!‹ Und wer hätte es gedacht: Nachdem ich sie wie bescheuert aufgerissen hatte, kam sie blitzartig vom Fleck! Als ich zurück war, fragte ich zaghaft, was denn da wohl am Start los gewesen sei. Er meinte, die Übersetzung sei modifiziert, damit die Maschine mit ihm ›und der Missus‹ in die Gänge komme. Ich mochte mir gar nicht vorstellen, was der arme Scooter bisher durchgemacht hatte – erst recht nicht, nachdem ich seine Frau sah. Als ich auf ihr davonrollerte, dürfte die Lambretta einen Seufzer der Erleichterung von sich gegeben haben. Ich habe seitdem kaum etwas daran gemacht. Die Übersetzung und sogar die Sattelfederung, die ziemlich hinüber ist, bleiben, wie sie sind – alles im Gedenken an den tapferen Dienst, den die Maschine einst geleistet hat.«

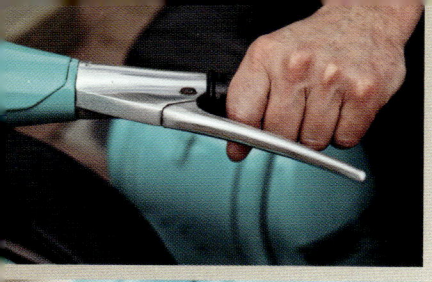

Lambretta Grand Prix

»1984 war ich ein überreizter Teenager – voller Wut, kaum zu halten. Zum Glück habe ich meine ganze jugendliche Angst, all meine Dämonen hier bei dieser Statue auf dem Marktplatz abgelegt. Heute ist mein Leben wunderbar! Ich denke nicht oft über meine Vergangenheit nach, aber das war wirklich ein entscheidender Tag, damals wurde ich zu dem, der ich heute bin«, erklärt Guy Busfield. Ihm ist bewusst, dass er ohne eine zufällige Begebenheit heute womöglich ganz anders dastünde.

»Ich trieb damals ziemlich dahin, ich hätte mir jederzeit richtig Ärger einhandeln können – zumindest bis ich dort im tatsächlichen wie im übertragenen Sinn die Kurve bekam. Es war wie in einer kitschigen Filmszene – vor mir stand ein Scooter, die Verkleidung in diesem unverwechselbaren, leuchtenden Türkis. Scooter hatte ich schon zur Genüge gesehen, aber der hier packte mich – eine schicksalhafte Begegnung. Mir war sofort klar: Das war es, genau das hatte ich gesucht und jetzt gefunden! Ich machte auf dem Heimweg einen Umweg bei der Bücherei vorbei. Dort suchte ich alles an Informationen zusammen, was ich finden konnte, es gab sogar einen passenden Zeitungsartikel über das Mod-Revival.

Kurze Zeit später kaufte ich mir eine Lambretta, dabei war ich erst dreizehn. In den nächsten acht Jahren sah ich immer mal wieder diesen besonderen Scooter auf der Straße, aber ich konnte dem Fahrer nie ein Zeichen geben. Dann verschwand er von der Bildfläche. Obwohl ich einen eigenen Roller hatte, ging mir die

geheimnisvolle Lambretta nie aus dem Kopf. Ich erfuhr nicht, was aus ihr geworden war, aber ich gab die Hoffnung nie auf und hielt weiter Ausschau, besonders bei den vielen Scooter-Treffen. Da war sie vielleicht schon längst in der Schrottpresse gelandet.

Zehn Jahre gingen vorbei, in denen etliche Scooter durch meine Hände gingen. Jemand rief mich an, ein Bekannter um zwei Ecken – er hätte von einer Haushaltsauflösung einen Roller, ob ich interessiert wäre? Klar, ich ließ mir nie eine Gelegenheit entgehen, also fuhr ich ihn ansehen. Als ich in die Einfahrt bog, stockte mir der Atem und fiel mir die Kinnlade herab. Vor mir stand eine Lambretta. Aber nicht irgendeine, sondern genau die türkisfarbene Grand Prix, die ich vor so vielen Jahren gesehen hatte. Ich schüttelte mich wach, nahm sie näher unter die Lupe, und bevor ich wusste, was ich tat, hatte ich schon ein Bein drübergeschwungen und saß im Sattel – in all den Jahren war ich ihr nie so nah gekommen. Der Preis war in dem Moment völlig irrelevant – ich musste sie haben.

Wie viel Dank ich diesem Scooter schulde, der sich derart positiv auf mein Leben ausgewirkt hat, kann ich kaum sagen – aber es ist wahr, er hat mein Leben umgekrempelt. Da steht er nun zum ersten Mal seit 1984 wieder auf demselben Fleck wie damals. Wenn ich daran zurückdenke … War er hier rein zufällig geparkt, oder war es eine Fügung? So oder so – wer weiß, was ich heute täte, hätte er dort nicht gestanden!«

Heinkel Tourist

»Alte Roller gesucht. Alle Marken.« Klingt eigentlich nicht kompliziert. »Das schrieb ich in einer Kleinanzeige, denn ich wollte meiner Scooter-Besessenheit noch etwas Stoff geben. Die rührt aus der Zeit, da ich mit einem deutschstämmigen Burschen in der Küche stand. Genau wie ich fuhr er auf die Northern-Soul-Szene der späten Siebziger ab. Und Northern Soul ist ohne Scooter genauso undenkbar wie Rührei ohne Schinken. Ich hatte schon meine Lambretta, aber er wollte einen Motorroller aus dem Land seiner Väter – einen Heinkel Tourist.

Er musste noch den Führerschein machen, also habe ich seinen Roller abgeholt. Mit einem deutschen Fabrikat hatte ich bis dahin noch nie zu tun, aber nach der anderthalbstündigen Fahrt war mir klar: So einen wollte ich auch. Okay, der Heinkel war nicht so schnell wie die Italiener – wo andere beschleunigen, legt er allmählich an Geschwindigkeit zu –, aber er war sparsam und bequem und durch nichts zu erschüttern«, erklärt Graham, der den gezeigten 1956er Heinkel Tourist im Jahr 1982 erwarb – ein Importmodell von Excelsior Motorcycles. Die nordwestlich von London in Coventry ansässige Firma hatte am Roller-Boom teilhaben wollen, also importierte sie Heinkel-Modelle und klebte ihnen den eigenen Schriftzug auf.

Der Heinkel Tourist war ein High-End-Fabrikat, gern auch mal als »Rolls-Royce« beziehungsweise »Cadillac unter den Motorrollern« bezeichnet. Auf die Straße gebracht wurde er durch Ernst Heinkel, den Gründer der gleichnamigen Flugzeugwerke. Den Viertakter mit Kettenantrieb

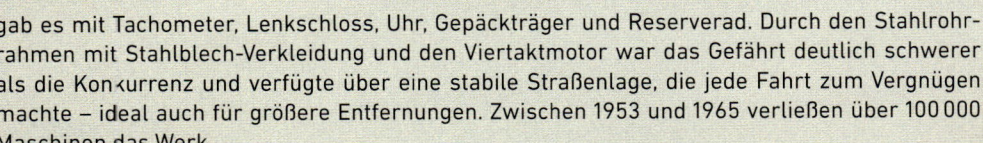

gab es mit Tachometer, Lenkschloss, Uhr, Gepäckträger und Reserverad. Durch den Stahlrohr-rahmen mit Stahlblech-Verkleidung und den Viertaktmotor war das Gefährt deutlich schwerer als die Konkurrenz und verfügte über eine stabile Straßenlage, die jede Fahrt zum Vergnügen machte – ideal auch für größere Entfernungen. Zwischen 1953 und 1965 verließen über 100 000 Maschinen das Werk.

Graham fährt fort: »Die Antworten auf meine Annonce kamen immer schneller herein, die meisten Gespräche begannen etwa so: ›Ich habe hier einen fürchterlichen Roller, keine Ahnung, welche Marke – haben Sie Interesse?‹ Denen wurde null Respekt entgegengebracht. War es keine Vespa oder Lambretta, war der Roller für die meisten Leute schlicht wertlos. Im Laufe von zehn Jahren habe ich um die fünfzig im wahrsten Sinne fabelhafte Roller gekauft und im Schnitt kaum mehr als zwanzig Pfund dafür bezahlt. Sie haben zwar immer noch einen geringeren Wert als die italienischen Ikonen, aber ich darf behaupten, dass die rund dreißig Exemplare, die ich behalten habe, eine ausgezeichnete Investition waren.«

»Mit achtzehn habe ich meinen ersten Scooter gekauft: eine 1980er Vespa mit 90 Kubik. Die hat noch heute ihren Platz in meiner bescheidenen Vespa-Sammlung. Vorher, als ich noch keinen Roller haben konnte, aber unbedingt dazugehören wollte, habe ich mir, so gut es ging, beholfen – ich montierte an mein super-cooles BMX-Rad, ein Raleigh Grifter, eine Spiegelbatterie, die den Brennspiegeln des Archimedes Konkurrenz machen konnte«, erinnert sich Warren.

»Jedes Jahr über Weihnachten gehe ich mit meiner Frau Hayley backpacken. 2011 war Vietnam an der Reihe. Durch den Höllenlärm in den Städten dort dringt immer wieder das nette, vertraute Ding-dada-ding-ding von angejahrten Rollern – hier flitzt einer aus einer Gasse heraus, dort ist er schon wieder verschwunden. Dass wir dort Urlaub machten, war bestimmt kein hinterlistiger Trick, um unter den Augen meiner Frau an noch einen Scooter zu kommen. Man sieht sie allerdings überall, und das machte mich doch neugierig.

Auf einem Ausflug von Nha Trang nach Hanoi zeigte ich unserem Führer ein Foto von der Sorte Scooter, die mich interessieren »könnte«. Er tätigte einen Anruf, und ich durfte – gemütlich bei Hühnchen mit Reis – ein Defilee von Rollern und ihren hoffnungsvollen Besitzern abnehmen. Die Einheimischen dort lassen sich alles Mögliche und Unmögliche einfallen, um ihre Gefährte am Laufen zu halten. Für einen Kaufinteressenten

Die nicht identifizierbare Vespa

wie mich war das allerdings eher beunruhigend – alles voller Schweißnähte und Metallflicken. Erst als wir nach Hoi An ziemlich weit im Norden gelangten, fand ich ein geeignetes Gefährt. Wer den Roller heute sieht, macht sich keine Vorstellung davon, wie er damals aussah, aber unter dem kunterbunten Lack schien sich doch eine stabile Konstruktion zu verbergen. Trotz der Kotflügelleuchte wusste ich, dass es keine Original-Vespa war, aber bestimmen konnte ich sie trotzdem nicht, auch nicht anhand von Fotos. Was die Sache für mich entschied, waren die herrlichen Kurven wie bei den Klassikern der frühen Fünfziger. Die sind nicht zu toppen«, erklärt Warren, dem die geheimnisvolle Vespa heute gehört.

»Noch am selben Abend trat ich dem Veteran Vespa Club bei und bat um Bestimmungshilfe. Am nächsten Morgen war mein Postfach voller wohlgemeinter Kommentare, alle sagten ›Hände weg!‹ und erklärten, was gegen diesen Roller sprach. Allerdings hatte ich ihn da schon gekauft. Das Fahrverhalten war gut, er sah recht vertrauenerweckend aus – was sollte schiefgehen? Einen Monat später wurde vor meiner Tür eine Holzkiste mit meinem Scooter abgeladen – und das für ganze hundert Dollar Transportkosten!

Inzwischen habe ich den Roller einfühlsam, aber gründlich restauriert und mit ein wenig dezentem Zubehör ergänzt, ein bisschen Bling. Was ich da nun genau habe, weiß ich immer noch nicht. Angemeldet habe ich den Hybriden als 1971er Vespa Sprint 125, damit ich keinen Ärger mit dem Amt bekomme, aber er ist eindeutig wesentlich älter, wahrscheinlich stammt er aus den Fünfzigern.«

»Mitte der Achtziger, ich war fünfzehn und wollte unbedingt einen motorisierten Untersatz, kauften mir meine Eltern eine spanische Smallframe-Vespa von 1973, ein Retrofit mit einem 1980er 50-ccm-Motor. Als ich dann sechzehn war [das Mindestalter für Rollerfahrer in Großbritannien], waren Scooter längst nicht mehr so in, aber das störte mich nicht, ich rollerte stilecht im Army-Parka durch die Gegend. Dann kam ein fester Job, also konnte ich mir ein Motorrad leisten; trotzdem behielt ich einen Fuß in der Rollerszene, denn eines Tages wollte ich dahin zurück. Und dieser Tag kam 1999, denn da kaufte ich eine fast nagelneue Vespa ET4 Ich trat einem Scooter-Club bei und begann, den Roller mehr zum Vergnügen zu fahren als auf dem Weg zur Arbeit. Jetzt aber bekam ich Lust auf einen Klassiker; zum Glück stand bei meinen Eltern noch immer meine erste Vespa hinten im Schuppen. Es war ihr nicht gerade gut ergangen, aber zum neuen Jahrtausend war sie wieder straßenfit. Doch was war geschehen? Entweder war der Scooter geschrumpft, oder ich war gewachsen, das Roller-Fahrer-Verhältnis jedenfalls passte nicht mehr! Die Lösung war die größere Vespa PX mit 200 Kubik.«

Shaun freut sich: »Dann hörte ich von zwei Scootern aus den Sechzigern, hinten in den Gartenschuppen meiner Großmutter. Sie hatten meinem Großpapa gehört, der kannte sich mit allem Möglichen aus.« Sein Großvater, der in der Normandie gekämpft hatte, war 1996 gestorben. Shaun fährt fort: »Als er endlich seinen Autoführerschein hatte, bockte er beide Roller auf, aber nicht ohne sie winterfest zu machen. Jedenfalls

Die Bond im Schuppen

durchsuchte ich aufgeregt den ersten Schuppen und entdeckte schließlich einen Roller von Bond. Ich komme aus Preston, darum erkannte ich die Marke sofort – Bond war ein Hersteller am Ort, jeder kennt seine dreirädriger Minicars. Der Scooter war das perfekte Schrauberprojekt, genau wie die zweite Bond P3, die ich in einem anderen Schuppen ausgrub. Ich erfuhr dann, dass mein Großvater seine erste New Old Stock (NOS) Bond P3 1966 erworben hatte, er hatte dafür seine Lambretta in Zahlung gegeben. Natürlich ging nach ein paar Jahren irgendwas kaputt, also machte er sich auf, ein Ersatzteil zu besorgen, und kam mit einer kompletten zweiten NOS Bond P3 zurück.«

Der GFK-Roller von Bond wurde nie zum Verkaufsschlager, daher waren diese »neuen Maschinen aus altem Lagerbestand« (NOS) selbst 1968 noch zu bekommen, obwohl die Herstellung bereits 1961 eingestellt worden war. So schick das Design und die Konstruktion auch waren – knapp 200 Pfund waren überteuert, für dasselbe Geld bekam man eine Lambretta TV oder eine Vespa GS.

Shaun erzählt weiter: »Nellie – meine Tochter nannte den Scooter vor Jahren mal Smelly Nellie – fährt sich einfach unvergleichlich: schrecklich, aber irgendwie schrecklich schön. Man muss den 150-ccm-Motor mit dem Dreiganggetriebe wie irre hochkitzeln, wenn man auch nur ein bisschen Leistung rausholen will. Dazu die Pedale mit ihrer völlig undurchdachten Anordnung – im Stadtverkehr sieht es aus, als probe man für *Riverdance*. Auf der Landstraße benimmt der Roller sich viel besser, ich fahre ihn regelmäßig auf Scooter-Runs, bei jedem Wetter. Ich behandle ihn nicht wie die Prinzessin auf der Erbse, er hat Schrammen, der Chrom ist stumpf, aber um das Innenleben kümmere ich mich regelmäßig – das ist mir wichtiger. Der wuchtige Scooter ist wahrscheinlich nichts für meine Tochter Phoebe; wenn dann mal die Zeit gekommen ist, geht er als Leihgabe an ein Museum, dann können ihn andere bestaunen.«

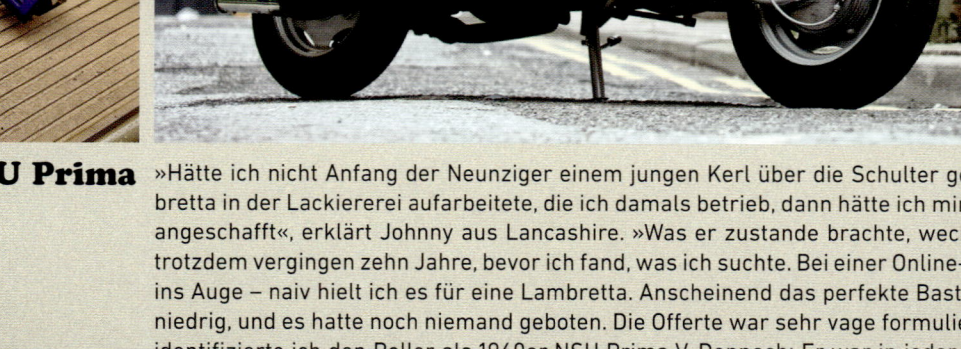

Die NSU Prima

»Hätte ich nicht Anfang der Neunziger einem jungen Kerl über die Schulter geschaut, als der seine Lambretta in der Lackiererei aufarbeitete, die ich damals betrieb, dann hätte ich mir vielleicht nie einen Scooter angeschafft«, erklärt Johnny aus Lancashire. »Was er zustande brachte, weckte Besitzerneid in mir, und trotzdem vergingen zehn Jahre, bevor ich fand, was ich suchte. Bei einer Online-Auktion fiel mir ein Angebot ins Auge – naiv hielt ich es für eine Lambretta. Anscheinend das perfekte Bastelprojekt; der Startpreis lag niedrig, und es hatte noch niemand geboten. Die Offerte war sehr vage formuliert, bei näherer Betrachtung identifizierte ich den Roller als 1960er NSU Prima V. Dennoch: Er war in jeder Beziehung das Richtige. Ich platzierte mein Gebot; es blieb das einzige. Gespannt rief ich den Verkäufer an, um die Abholung abzusprechen. Ich hoffte auf einen Scooter-Fan, der mich unter seine Fittiche nehmen würde, um mir alles Nötige beizubringen. Die Reaktion auf meine freudige Begrüßung klang allerdings ernüchternd: ›Er steht hier rum, holen Sie ihn ab!‹ Die Gegend war ein klassisches Arbeiterviertel wie in der Kultserie Coronation Street. Ein schlechteres Timing hätte ich mir kaum aussuchen können: Bei meiner Ankunft war es Zeit fürs Abendessen. Das Reihenhaus roch wie eine Imbissstube.

Ich durchquerte die Fettschwaden in Richtung Hof. Gastlichkeit war nicht gerade seine Stärke, das Essen hatte eindeutig Priorität, also ging ich allein hinaus. Und tatsächlich, mitten zwischen allerlei Plunder stand

ein Roller in exakt dem Zustand, den ich erwartet hatte. Ich nahm die Maschine unter die Lupe und stellte fest, dass der Kilometerzähler lediglich 680 Meilen zeigte – der Scooter war nicht mal eingefahren, dazu braucht es tausend Meilen. Ich fragte nach dem unmöglich niedrigen Kilometerstand. Offenbar nervte ich, denn er blickte kaum aus dem Sessel auf, biss in seine Spiegelei-Klappstulle, dass ihm das Eigelb am Kinn herunterrann, und brummte: ›Wollen Sie ihn oder nicht?‹ – ›Ja‹, erwiderte ich und erhielt die Anweisung, die 204 Pfund auf den Kaminsims zu legen.

Als ich den Roller gerade im Auto verstaut hatte, kam der Verkäufer nach draußen – satt war er etwas gesprächiger. Ich erfuhr, dass der Scooter ursprünglich seinem Onkel gehört hatte. Als dieser 1961 starb, konnte sich seine Tante nicht davon trennen. Nun war auch sie verstorben. Das Einzige, was der Roller nötig hatte, war eine vorsichtige Aufarbeitung und Neulackierung, und schon strahlte er in altem Glanz. Am Motor brauchte ich gar nichts zu machen, nach wenigen Startversuchen lief er. Kein Rollermechaniker wollte das glauben, alle hätten erwartet, dass er festsitzt. Ich habe bisher noch nicht einmal eine Glühbirne gewechselt – nur morsches Gummi. Da spiegelt sich eindeutig der damals hohe Preis: Für 465 Pfund hätte man einen Mini bekommen, für 159 Pfund eine Lambretta LD mit 150 Kubik – die NSU kostete 214 Pfund, aber das war sie angesichts ihrer Qualität auch wert. Ich kann nur sagen, sie ist einfach perfekt, auf der Straße das reinste Vergnügen. Man will meinen, die hält ewig!«

Ednetta »Dass man sich von fernen Ländern inspirieren lässt, ist nichts Ungewöhnliches – schon gar nicht, wenn man in einem kleinen Dorf in Peru aufwächst. Das Rollerfahren war mir immer romantisch erschienen, erst recht auf einer italienischen Lambretta – die war für mich damals allerdings unerreichbar. Ich könnte nicht einmal mehr sagen, welches Fabrikat mein erster Roller war. Er war ein wenig undefinierbar, wahrscheinlich ein Japaner ... im Grunde eine Promenadenmischung. Jedenfalls habe ich mit diesem Scooter seit meinem sechzehnten Lebensjahr ordentlich Meilen gemacht und viele schöne Erinnerungen gesammelt«, kommentiert Renzo. Dann standen andere Dinge im Vordergrund, er zog in die Stadt und hatte gut zehn Jahre nichts mehr mit der Rollerszene zu tun.

»Erst als ich nach London kam, sehnte ich mich wieder nach einem Roller. Die ganze Zeit, die ich ›ohne‹ gewesen war, hatte ich ihn wohl doch vermisst. Ich wusste genau, was ich wollte, und habe ziemlich lange danach gesucht. Als dann diese LD mit 150 Kubik von 1957 mit ihrem schicken Styling, der Lenkstange ohne Abdeckung und den offenen Zügen online angeboten wurde, kannte ich kein Halten.

CHARGED 4/

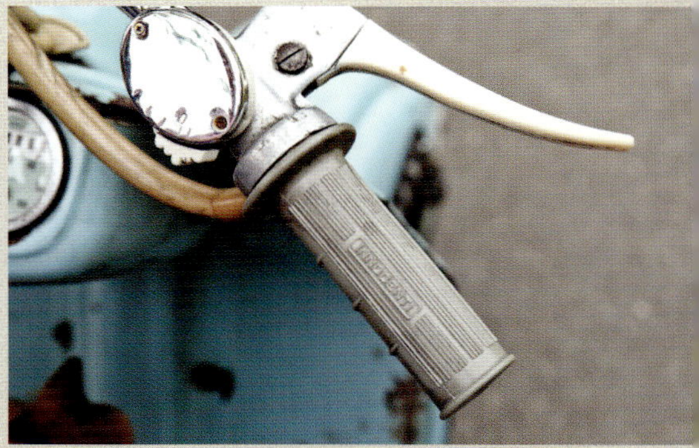

721 XUY

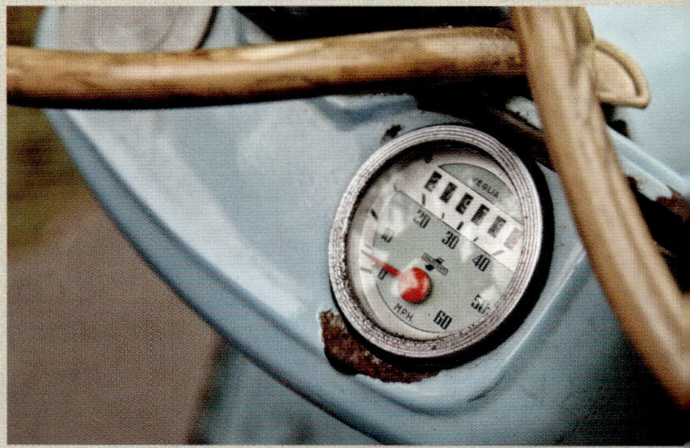

Ich erstand sie zu einem für die damalige Zeit erstaunlich günstigen Preis. Das hätte sich natürlich als begründet erweisen können, aber in puncto Zuverlässigkeit brauchte ich keine Abstriche zu machen: Ohne einen Mucks brachte sie mich von Nottingham bis nach Hause. Ednetta – ich habe sie nach der Freundin benannt, der sie ihren Parkplatz verdankt – ist technisch erstklassig. Die Verkleidung mit ihrer wunderbaren Patina soll bleiben, wie sie ist – Polieren kommt nicht infrage. Würde man an ihrem Äußeren etwas verändern, wäre sie nicht mehr die Alte. Ich habe nur passend ersetzt, auch nichts angebaut – abgesehen von der Holzkiste!

Vor drei Jahren habe ich einen kleinen Hund aufgenommen, Moncho – der folgt mir seitdem auf Schritt und Tritt. Die logische Konsequenz (jedenfalls für mich) war es, Moncho auf der Lambretta mitfahren zu lassen. Bei seiner ersten Ausfahrt versuchte er, aus der Kiste zu springen – zum Glück war ich langsam unterwegs! Das war das erste und letzte Mal, dass er solch einen Unsinn versucht hat – inzwischen ist er begeistert. Ich bin bestimmt nicht auf Aufmerksamkeit aus, darum ging es mir nie, aber wenn man mit einem Hund auf dem Scooter unterwegs ist, schauen die Leute schon gelegentlich zweimal hin!«

Eine Honda Spacy

»Man kanr wohl mit Fug und Recht behaupten, dass in jedem von uns ein Sammler steckt. Wie stark sich das auswirkt, hängt dann von der Leidenschaft für das Sammelobjekt ab. Meinen ersten Roller kaufte ich 1960, eine britische Dayton Albatross; mein Laster aber, meine Begeisterung für britische Scooter, manifestierte sich erst viele Jahre später. Von 1960 bis 1999 – da kaufte ich zum zweiten Mal einen Scooter – gab es die übliche Parade von Motorrädern und Allerweltsautos. 1999 aber konnte ich meine Frau überzeugen, dass ein Lambretta-Oldtimer eine schöne dekorative Ergänzung zu meiner Jukebox in unserem just fertiggestellten Anbau wäre.

Allerdings erwachte nun meine Sammelleidenschaft. Bald war ich Mitglied im Vintage Motor Scooter Club und konnte das vierteljährliche Clubmagazin kaum erwarten. Begeistert studierte ich jedes Mal die ›Biete‹-Rubrik und griff zu, sobald mir ein Klassiker gefiel. Es dauerte nicht lange, da umfasste meine Sammlung 35 Roller, darunter 20 britische. Dann definierte ich mein Sammelgebiet enger: Ich wollte alle 42 Scooter britischer Produktion besitzen, die von 25 Herstellern in einem bestimmten Zeitraum herausgebracht worden waren – so etwas hatte noch niemand getan«, erklärt Robin, der in fünfzehn Jahren eine beeindruckende Sammlung aufbaute. Er hat darüber sogar ein Buch verfasst: *British Motor Scooters 1946–1970*.

»Natürlich ließ sich nicht verhindern, dass die Kunde von meiner Sammlung in die Welt hinausdrang – und ich genoss es auch, wenn andere sie anschauten. Als der British Motorcycle Charitable Trust anfragte, ob ich Interesse daran hätte, meine Scooter in einer temporären Ausstellung im Coventry Transport Museum zu zeigen, sagte ich sofort zu.

Diese 42 Scooter mein Eigen zu nennen, war mir ein großes Vergnügen – trotzdem ist es schon störend, wenn jedes bisschen Platz im Haus von einem Roller besetzt ist. Ich überlegte lange hin und her und fragte schließlich den Trust, ob man meine Sammlung vielleicht ankaufen wolle. Die Vorstellung gefiel ihnen, aber es schien zunächst schwierig, einen ausreichend großen Museumsort für eine Dauerausstellung zu finden – bis das Haynes Museum in seinen Räumlichkeiten bei Yeovil Platz zur Verfügung stellte. Die Roller einzeln zu versteigern, wäre für mich zwar lukrativer gewesen, aber es kam mir darauf an, die Sammlung, an der ich so lange gearbeitet hatte, zusammenzuhalten.

Dass die britischen Scooter mir nicht mehr gehörten, bedeutete längst nicht das Ende meiner Leidenschaft. Ich wollte aber einen Roller, der auf Knopfdruck startete und ein komfortables Fahrverhalten besaß. Das passende Modell war die radikal futuristische Honda Spacy; das erste Fabrikat dieser Serie wurde 1983 vorgestellt. Das war der Anfang meiner neuen, diesmal allerdings sehr bescheidenen Sammlung – als Erstes das wunderschöne 1987er Modell mit 125 Kubik, dann eines mit 250 Kubik und schließlich die wuchtige Helix. Heute wirken auch diese schon sehr retro, und ich bin mir sicher, dass sie einmal Design-Ikonen sein werden. Es ist der absolute Kontrast zu meiner Besessenheit mit britischen Scootern, aber es hat ja wohl niemand erwartet, dass ich danach mit dem Sammeln aufhören würde. Ich wollte diesmal nur ein bisschen vernünftiger sein.«

Il Mio Amore

»Die 1956er Lambretta D 150 bekam ich 1969 von einem Freund – ein Kunde hatte ihm den Roller geschenkt, und er konnte ihn nicht gebrauchen. Anfangs stellte ich ihn bei meinem Haus in den Bergen unter, ich jagte ihn rücksichtslos durch den Wald und über holprige Landstraßen. Heute graust es mich, wenn ich daran denke, was er durchmachen musste.

Zufällig begegnete ich einmal genau dem gleichen Modell, doch im Gegensatz zu meiner Lambretta war jene D 150 in einem 1A-Zustand. In diesem Moment wendete sich das Schicksal von ›Il Mio Amore‹ – so nenne ich sie heute. Sie hatte etwas Besseres verdient als ihr schweres Los in den Bergen, sie sollte auch so wunderschön sein, alle sollten sich nach ihr umdrehen. Als Entschädigung ließ ich sie daher vollständig überholen«, sagt Giuliano. Von 1954 bis 1956 wurden 54 593 Exemplare der Lambretta D 150 produziert. Im Aussehen erinnert sie sehr an frühere Modelle; sie war die letzte Nur-Rahmen-Lambretta.

»Heute sind wir unzertrennlich«, fährt Giuliano fort. »Es ist wie damals, als ich zwanzig war – auf dem Roller fühle ich mich cool und um Jahre jünger, der Seele tut er einfach nur gut. Außerdem bin ich Mitglied des Lambretta-Clubs von Lucca: Lauter nette Rollerfahrer, dabei sind viele nur halb so alt wie ich! Sie haben mir kürzlich eine große Ehre erwiesen: Sie haben mich zum Ehrenvorsitzenden des Clubs ernannt. An sonnigen Tagen gehe ich auf Spritztour durch die Berge, und häufig lege ich bei meiner Lieblingsbank eine Pause ein und lese in Ruhe die Zeitung. Die Rollerszene Italiens ist wieder putzmunter, auf einmal kommen Gefährte ans Licht, die seit Jahr und Tag unbenutzt in Garagen und Scheunen standen. Leider wurden viele Motorroller ins Ausland verkauft. Allerdings kann man dadurch auch dort unsere schönen Modelle herumflitzen sehen – dann freue ich mich jedes Mal und bin stolz, dass ich Italiener bin.«

»Wenn man einen Scooter gründlich betrachtet, so wie ich es früher vom Verkaufstresen aus konnte, sieht man irgendwann mehr als nur das Offensichtliche. Ende der Siebziger hingen vor unserem Familiengeschäft, dem ›Noted Eel and Pie‹ in Leytonstone, ständig Rollercliquen herum, und ich habe die verschiedenen Marken angeschaut, verglichen und mir eine Meinung dazu gebildet. Damals war East London das Epizentrum der Szene. Wenn die Fahrer anrollerten, starrte ich wie gebannt aus dem Fenster, die Sud triefende Schöpfkelle in der Hand, bis der nächste Kunde seine Pastete mit Stampfkartoffeln verlangte.

Für mich gab es von Anfang an einen klaren Sieger: die Lambretta Li3. Ihre Proportionen sind geradezu überzeichnet – selbst im Stehen scheint sie noch vorwärts zu drängen. Und gleichzeitig hat sie etwas Majestätisches, vom kurvigen Heck bis zur elegant geschwungenen Front, fast wie ein Schwanenhals – perfekter kann eine Form gar nicht sein.

Als die zweite Welle der Mod-Bewegung begann, war ich für einen richtigen Roller noch zu jung; außerdem war mein Vater immer dagegen, er fand sie viel zu gefährlich. Mit siebzehn war ich dann der Einzige in meiner Clique mit einem Auto – einem gebrauchten Ford Cortina Mk I. Alle beneideten mich, und ich muss schon sagen, von dem Wagen und meinem feinen Anzug aus glänzend-changierendem

Pieters Li 150

Mohair ließ sich die Weiblichkeit deutlich stärker beeindrucken als von den Mopeds und Rollern meiner Freunde. Trotzdem reizten mich die Scooter noch immer – ab und zu haben wir unsere fahrbaren Untersätze getauscht, damit auch ich meine Dosis Rollerspaß bekam«, erklärt Pieter. »Eins folgte aufs andere – Sportautos, ein paar Halbliterrennen, Supersportler und so weiter. Dann kam das, wovor fast jede bessere Hälfte Angst hat: Platz in der Garage! Ich erkannte sofort: Eine Lambretta muss her! Ein Jahr lang suchte ich landauf, landab. Bei ein, zwei grundüberholten Exemplaren habe ich länger nachgedacht, aber letztendlich wollte ich selber schrauben.

Schließlich kaufte ich eine 1964er Lambretta Li 150, frisch aus Italien. Ein hundertprozentiges Bastelprojekt auf Treu und Glauben, und ich habe am Ende drei Jahre lang abends und am Wochenende geschraubt und den Roller minutiös restauriert, bis er wieder so aussah, wie er vielleicht einmal aus dem Werk kam – abgesehen von dem bisschen blauer Farbe.

Diese Lambretta behalte ich, bis ich sterbe. Wenn ich einmal nicht mehr bin, bekommt sie mein Ältester – der weiß genau, wie wichtig sie mir ist, und ich kann mich darauf verlassen, dass er den Scooter weiter pflegt und nicht verkauft. An meinem Fenster ist schon Gott und die Welt vorbeispaziert, aber wenn mal so ein alter Klassiker draußen aufgebockt ist – das ist noch immer unschlagbar.«

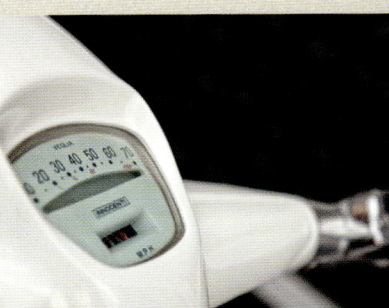

Großvaters Lambretta D 150

»In Italien darf man schon mit vierzehn einen 50-Kubik-Roller fahren, aber darauf konnte ich einfach nicht warten. Also habe ich mir – mit Zustimmung meines Vaters – sein ungeliebtes Ciao-Moped unter den Nagel gerissen. Auf unseren Wiesen, rund ums Haus meiner Kindheit, habe ich schon bald gelernt, die starke Maschine zu bändigen. Je größer mein Selbstvertrauen wurde, desto todesmutiger musste ich meine Dummheit unter Beweis stellen – jahrelang hatte ich fast täglich neue Schrammen an Armen und Knien.

Mein Großvater war Landwirt. An Markttagen tuckerte er auf seiner braven D 150 von 1956 in die Stadt, auf den Stabil-Anhänger hatte er Berge von gutem Biogemüse geladen. Im Sommer ging es am Wochenende damit zum Strand, aber diesmal nicht mit Gemüse im Hänger, sondern mit Frau und Kindern und Verwandten, die sich mühsam festklammerten. Man kann es kaum glauben – einmal brachte er den Roller so in Schwung, dass er es schaffte, meine Tante aus dem Hänger zu katapultieren – er hatte eine Kurve zu eng genommen, unvergesslich! So steckt die Lambretta, die er einmal fabrikneu kaufte, inzwischen voller Familienerinnerungen«, erklärt Alberto, der den Seltenheits- und Erinnerungswert des guten Stücks zum Anlass nahm, das Gespann zu restaurieren, als es nach jahrzehntelangen treuen Diensten in den Ruhestand geschickt wurde.

»Ich habe zwar auch andere Roller, aber nach Lucca zu den Treffen des Rollerclubs fahre ich grundsätzlich mit der D 150 meines Großvaters. Zum Beispiel 2014: Da hat unser Club zusammen mit anderen die Oldtimer-Rallye Mille Miglia unterstützt. Die wertvollen Sportwagen kurvten durch die engen Straßen der pittoresken Altstadt von Lucca, und wir ritten voraus. Wie immer fand mein Oldtimer großen Beifall, als ich mit Käse, Salami, Brot und mehreren Korbflaschen voller Wein im Hänger zurückkehrte – besser kann ein Tag nicht zu Ende gehen!«

Start Me Up

»Nachdem ich ziemlich lange keinen Scooter besessen hatte, zog es mich wieder in den Sattel. Aber nicht auf irgendeine Maschine – sondern auf genau die 1971er Lambretta GP 200, die ich zehn Jahre zuvor verkauft hatte, als die Familie (völlig zu Recht) vorging – meine ›Start Me Up‹. Die Kunde verbreitete sich in der Rollerszene, und bald erfuhr ich, dass der Scooter noch immer auf der Isle of Wight stand, bei dem Typen, der sie damals gekauft hatte. Wir kamen ins Gespräch. Er war hin- und hergerissen, was einen Verkauf betraf, und nannte schließlich einen Preis, der wesentlich höher lag als alles, was ich zu zahlen gewillt war. Für mich war die Sache damit erledigt. Meine Frau wusste aber, dass ich keine Ruhe hätte, bis der Roller wieder mir gehörte. Vicki überredete mich, das Angebot anzunehmen«, erklärt Mark. 1985 hatte er in Clacton-on-Sea, wo es 1964 zum ersten großen Zusammenstoß zwischen Mods und Rockern gekommen war, »Dazzle« gesehen, eine legendäre, passend zum Song der Kultband Siouxsie and the Banshees modifizierte Maschine, und er war dem Reiz der Custom-Roller verfallen.

»Als wir am Fährterminal zur Isle of Wight auf die Lambretta warteten, war mir längst klar, dass wir zu viel dafür bezahlt hatten. Was dann aber von der Fähre kam, hatte mit der erstklassigen Maschine, an der ich vor Jahren so gehangen hatte, nicht mehr viel zu tun – mein Herz wurde schwer. Es war derselbe Roller, aber der Chrom war angelaufen und die Lackierung alles andere als Show-Qualität. Nach ein paar Familienfotos mit der Lambretta habe ich sie gestrippt, ich habe sie nicht mal testweise angetreten. Stattdessen Lack und Goldauflagen bis aufs Blech gesandstrahlt und die Gravuren glattgeschliffen. Warum tut man einem Roller, der in Showzeiten fünfzig Mal Tafelsilber abgeräumt hat, so etwas an? Weil er wiederauferstehen sollte, und zwar schöner als je zuvor.

So ein Custom-Roller lässt sich nicht planen – er entwickelt sich. Nichts sollte vorgefertigt sein, selbst die Ventildeckel sind eigens graviert. Immer wieder fuhr ich mit Rolling-Stones-Bildmaterial

zu den Künstlern [Ty Lawer für die Lackierung und Adi Clark für die Gravuren], und wir haben mit Ideen gespielt, bis der Plan stand. Ich hatte Schwierigkeiten, mir alles fertig vorzustellen, aber ich brauchte mir keine Sorgen zu machen – beide Künstler waren mit Leib und Seele dabei. Allein in den Airbrush-Arbeiten stecken 300 Stunden, und die Gravuren kamen auf knapp 123 Stunden, da sind die Vorbereitungen noch gar nicht mitgerechnet. Jedes Mal, wenn ein fertiges Teil ankam, konnte ich es nur begucken: Ich konnte nichts anbauen, solange nicht alles beisammen war. Ich wickelte es also wieder ein und legte es weg wie ein Geschenk, mit dem ich nichts anzufangen wusste. Schließlich der Zusammenbau – oh, meine Nerven! Immer wenn ein Teil nicht hundertprozentig passte – und das passiert oft bei einem Custom-Roller –, habe ich eine Pause gemacht, mir die Stirn gewischt und mich bei einer Tasse Tee abgeregt: Ein einziges Mal nicht aufgepasst, nur einmal mit dem Schraubendreher abgerutscht – eine Katastrophe! Langsam, Stück für Stück, nahm meine Vision Gestalt an.

Mein Scooter fällt noch aus einem anderen Grund aus dem Rahmen: Er ist oft auf der Straße. Vicki fährt ebenfalls eine modifizierte GP 200, eine 1979er, die ›It's All About Me‹, und zusammen düsen wir kreuz und quer durch Großbritannien zu Scooter-Treffen und zeigen unsere Maschinen. Es ist ein wahr gewordener Traum – ich habe etwas geschaffen, an dem mein Herz hängt und für das ich mich begeistere, und ich habe alles dafür gegeben. Man hat mir gesagt, es sei der beste Scooter seit ›Dazzle‹ und die beste Lackierung, die es je gab. Das freut mich natürlich riesig.«

Lilly

»Ich saß im Pub und quatschte mit einem Typen aus dem Dorf; wir kamen auf Fahrzeuge, und Jeff fragte nach meiner Schwäche für alles, was einen Motor hat«, erzählt Richard. »Ich erklärte, dass ich mich seit Langem vor allem für Motorroller interessiere und endlich eine Lambretta von meiner Wunschliste abhaken wollte. Seine Augen wurden schmal, er guckte nachdenklich, und dann meinte er, er kennt da wohl jemanden, bei dem stünde eine alte Lambretta in der Garage, die seit Jahren nicht mehr gefahren würde. Jahrgang und Modell wusste er nicht, und er war sich auch nicht sicher, ob der Besitzer überhaupt verkaufen wollte, aber er wollte ihn fragen. Am nächsten Abend war er wieder da, mit einem Schmierzettel, darauf stand ›Li 150‹. Was noch besser war: John, das war der Besitzer, meinte, ich könnte den Roller ansehen kommen – nur Verkaufen gehörte nicht zum Plan.

Ich kenne mich nur mit Vespas aus, also habe ich einen Lambretta-Guru aus der Gegend als Berater mitgenommen. Wir kommen an, und John führt uns ganz hinten in seine Scheune – da steht ein Roller, völlig mit Tüchern zugehängt. Man hätte die Luft mit Messern schneiden können, so gespannt waren wir, und als der Roller abgedeckt war, blieb uns vor Begeisterung die Luft weg. Da stand eine sorgfältig eingemottete Li1 mit 150 Kubik von 1959, mit lediglich 7000 Meilen auf dem Zähler, 1965 zuletzt zugelassen – der Aufkleber

auf dem Nummernschild war der Beweis. Doch was nützte uns alles Staunen, an einer Sache war nicht zu rütteln: Ein Verkauf kam nicht infrage. Von solch einem Roller zu wissen und nicht dranzukommen – schlimmer geht es nicht.

Ich saß dann mit John beim Tee zusammen; er war früher mal Fahrzeugingenieur in Longbridge. Ich erfuhr, dass er die Lambretta neu gekauft und gefahren hatte, bis ihm ein Firmenwagen zur Verfügung gestellt wurde. Seit 45 Jahren verwahrte er sie nun, weil er sich nicht von ihr trennen wollte – und im selben Atemzug gestand er ein, dass er sich überhaupt viel zu schwer von Dingen trennte. Wir verstanden uns wirklich gut, also wagte ich mein Glück und fragte höflich, was er denn nun mit der Lambretta zu tun gedenke – und ohne dass ich ihn zu überzeugen versucht hätte, bot er sie mir zum Kauf an. Halleluja! Er muss mir angesehen haben, wie sehr mir der Roller gefiel und dass ich ihn nicht für ein bisschen Gewinn weiterverhökern würde«, sagt der glückliche neue Besitzer. Jetzt stand Richard nur noch vor der schwierigen Entscheidung, was als Nächstes zu tun sei – für ihn, den gelernten Stuckateur, ist ein spiegelglattes Finish das Ein und Alles. Das aber war bei diesem Roller nicht zu machen: Alles war noch original, also stand eine Restaurierung außer Frage – Altes zu bewahren war gefordert. »Ich bin regelmäßig mit John in Kontakt. So stelle ich sicher, dass er weiß, dass ich mich um den Roller weiterhin gut kümmere.«

»In den ersten Jahren, als ich noch vollauf damit beschäftigt war, meine Zauberkünstlerkarriere aus den Startlöchern zu bringen, bewahrte mich meine Lambretta vor der Arbeitslosigkeit. Sie war das Einzige, worauf ich zurückgreifen konnte, und da London in jenen Tagen vor dem Internet von kleinen Unternehmen nur so wimmelte, die Pakete hierhin, dorthin und sonst wohin beförderten, schloss ich mich der Horde der Eilboten an. Wo es der Roller nur zuließ, zurrte ich Pappröhren, Unterlagen und sonstige Päckchen mit Spannbändern fest – die Lambretta war oft gefährlich überladen.

Als ich nach vier Jahren mein letztes Eilpaket auslieferte, konnte ich keine Kartons mehr sehen; zugleich hätte auch der größte Zauberer meine kampfesmüde Lambretta nicht wieder zum Leben erwecken können – sie war äußerst mitgenommen«, erzählt die Autodidaktin Fay Presto, die während der Jahre als Kurier ihr Taschenspielergeschick perfektionierte.

Lucy In The Sky

»Das war allerdings nicht das erste Mal, dass die SX 200 zu solchem Einsatz herangezogen worden war. Ich hatte meine ›Lucy In The Sky‹ – ich stand auf die Beatles – 1967 neu gekauft; mein Vater war

Schneidermeister, also half ich ihm aus, indem ich den Kunden seine fertiggestellte Ware brachte. Das war das Mindeste, was ich tun konnte, denn weil ich erst siebzehn war, hatte er den Ratenvertrag für den Roller unterschrieben. Trotzdem lag es natürlich an mir, dafür zu sorgen, dass die Raten pünktlich bezahlt wurden. Die waren so schon teuer genug; geärgert habe ich mich, als ich – natürlich viel zu spät – herausfand, dass der Händler mich über den Tisch gezogen hatte, indem er für angebliche Sonderfarbe zusätzliche 18 Pfund auf die Rechnung schrieb – einen ganzen Monatslohn! Erst Jahre später stellte ich fest, dass die Lambretta sowieso in Weiß aus Italien kam.

Gegen Ende meiner Eilbotenzeit lag übrigens ein Fernsehstudio auf meiner Route, wo ich öfters Päckchen ablieferte, ohne dass man auch nur Danke sagte. Es war schon ein Witz: Nur wenige Jahre später geleitete man mich dort untertänigst durch den VIP-Eingang, und die Produzenten hofierten mich. Als ich schließlich mit Fernsehauftritten und Bühnenshows richtiges Geld verdiente, fand ich es nur recht und billig, meine zuverlässige Lambretta aufarbeiten zu lassen, bis sie in altem Glanz erstrahlte.«

Neue Klassiker

Dieser Abschnitt hat jene im Blick, die sich gern vom konventionellen Rollerfahrer abgrenzen – einem Stereotyp wollen sie nicht angehören. Also suchen sie sich jene Details klassischer und neuer Scooter-Trends heraus, die ihnen zusagen, und peppen diese individuelle Mischung ganz nach Gusto auf. Gelegentlich entwickelt sich aus solch einer neuen Tendenz der Rollerszene eine eigene Subkultur. Diese neue Scooter-Attitüde lässt sich in ihrer Bedeutung mühelos dem historischen ersten Kapitel der britischen Scooter-Szene in den Fünfzigern und Sechzigern und ebenso deren Revival in den späten Siebzigern gleichsetzen. Ohne neue Generationen mit eigenen Ideen, ohne spannende neue Tendenzen käme die Szene viel zu schnell zum Stillstand, was zugleich das völlig unzutreffende, einseitige Bild bestätigen würde, das die breitere Bevölkerung – vor allem in England – von der britischen Rollerszene hat.

Über Accessoires, Styling und Fahrzeugmarke entscheidet jeder Rollerfahrer individuell, wie sollte es auch anders sein. Hier geht es um nachträgliche wie echte Patina und um die Wahl der Materialien; bei den mechanischen Komponenten und der Optik gehen die Besitzer nicht selten deutlich über das hinaus, was an dem Roller original war oder auch nur seiner Epoche entspricht.

Viele Fahrer in diesem Abschnitt machen den Beginn ihrer Leidenschaft bei ihrer Familie fest. Oft fand die Prägung bereits in jungen Jahren statt – durch ihre Familie lernten sie das Rollerfahren als etwas Positives kennen, dazu die damit assoziierte Musik und Mode. Doch selbst jene Fahrer, die sich von einem Mod-Hintergrund freisprechen würden, sind von demselben charakteristischen Streben beseelt, der Zeit immer einen Schritt voraus zu sein, um sich von der Masse abzuheben. Nicht selten bringt die gemeinsame Leidenschaft auch die Vertreter einer solchen nonkonformistischen Haltung zu Gruppen zusammen.

Wir stellen hier Menschen und ihre Roller vor, die – so modern sie auch wirken – dem ursprünglichen Geist des Rollers treu sind: Neue Klassiker.

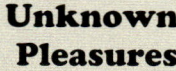

Unknown Pleasures

»Ich bin etwa 2004 aus dem Norden nach London gezogen und hatte vom öffentlichen Nahverkehr bald die Nase voll. Ein Roller schien genau richtig, aber da ich mit einem ausgeprägten Geschmackssinn geschlagen bin – wirklich ein Kreuz –, kam kein moderner infrage. Ein bisschen italienischer Kult gefiel mir schon besser. Also erstand ich eine 1961er Vespa VBB, angeblich top in Ordnung. Die 1500 Pfund, die ich kurz danach investieren musste, nur um die Zulassung zu bekommen, sagten etwas anderes. Das irritierte schon – die 900 Pfund, die ich für den Roller gezahlt hatte, sahen auf einmal gar nicht mehr so günstig aus. Ich war nicht darauf aus, über die Vespa irgendwelchen Anschluss zu finden, sie sollte einfach ihren Zweck erfüllen – das allerdings mit Stil. Ziemlich schnell war klar, dass ein 1A-Roller auf den teils ruppigen Londoner Straßen eher suboptimal ist. Kurz nacheinander wurde die Vespa erst in Brand gesteckt und dann gestohlen. Ich lernte meine Lektion schnell – mit dem Geld von der Versicherung kaufte ich eine klapprige alte Lambretta. Echt aus Italien, mit abgeschrammtem Lack und eindeutig reparaturbedürftig.« So erzählt Andrew, Eigentümer von Bolt, einer neuen Lifestyle-Marke für Roller- und Motorradfahrer.

»Dann hing ich immer öfter mit einer Clique ab, die sich gerade in Hackney herausbildete, alles Leute, die eher außerhalb der ›richtigen‹ Scooterszene stehen und lieber ihr eigenes Ding machen. Keine Mods,

keine Scooterboys – irgendwas dazwischen. Das klingt fast, als würden wir uns nur nachts hinauswagen und lieber ein Schattendasein führen. Aber es ist genau andersrum – wir sind selbstbewusst und kreativ und glauben, dass es nichts bringt, die Uhr zu den Mods zurückdrehen zu wollen – die Zeiten haben sich geändert. Uns geht es schlicht um den Spaß am Rollerfahren und um unseren Sinn für Mode.

Meine Lambretta blieb zwei, drei Jahre so schäbig, wie ich sie bekommen hatte; dann war sie ziemlich zuschanden geritten. Ich hatte ihr bereits den Spitznamen ›Unknown Pleasures‹ verpasst, nach einem Post-Punk-Album von Joy Division. Ich wollte sie schon immer von einem professionellen Schildermaler damit beschriften lassen; als sie dann ein Bastelprojekt war, war der passende Moment gekommen. Ich hatte die Arbeit von Nicolai Sclater, Künstlername ›Ornamental Conifer‹, seit einer ganzen Weile verfolgt. Er ist für sein modernes, poppiges Lettering bekannt und hatte schon diverse Motorradtanks beschriftet. Die Chance, einen kompletten Roller zu bemalen, konnte er sich nicht entgehen lassen. Ich finde, man muss einem Künstler so viel Freiheit lassen wie möglich – das Ergebnis war keine Enttäuschung. Viele haben nachgezogen, manche mit Nico in ähnlichem Stil, aber mein Roller war der erste. Den erkennen die Leute, noch bevor sie sehen, wer draufsitzt. Inzwischen stelle ich mich schon als ›Andrew, der mit Unknown Pleasures!‹ vor.«

Der In-Crowd Scooter Club

Am Sonntagmorgen geht es los: Noch bevor der Rest der Welt ins Helle blinzelt, trifft sich die »In-Crowd«, wie sie jemand spaßeshalber nannte, beim Frühstück – mal die klassisch englische Cholesterinbombe, mal leichtere Kost. Auf ihren auffälligen Gefährten entfliehen sie häuslicher Arbeit und Heimwerkerprojekten; ihr Lohn sind Benzingespräche mit Gleichgesinnten und eine Rollertour durchs grüne Cambridgeshire. Daheim stehen viele Mitglieder dieser Truppe allein da mit ihrer Rollerleidenschaft – nur wenige haben Hausgenossen, die ihre Begeisterung teilen. Für diese Männer ist dies ihr Hobby, ihr persönlicher Freiraum. Man mag das für egoistisch halten, sie aber sind der Überzeugung, dass es einer Beziehung nur guttut, wenn jeder Partner auch eigenen Interessen nachgeht. Etliche gehören noch einem zweiten Scooter-Club an, doch dieses sonntägliche Treffen ist für sie ein wichtiges Ritual nach einer arbeitsreichen Woche.

Freizeit ist für den Großstädter ein wertvolles Gut – so selbstverständlich das scheint, so sehr ist es dieser Gruppe junger Londoner Rollerfahrer und ihren Freunden bewusst. Regelmäßig treffen sie sich in einem Imbiss oder Café, sofern es ihre Termine zulassen, um sich danach auf einen wohlverdienten Ausritt vorbei an den Sehenswürdigkeiten der Stadt zu begeben. Es ist eine völlig entspannte Angelegenheit – kein Club, kein Name; stattdessen halten sie die Sache lieber formlos, was zugleich jene Probleme vermeiden hilft, die ein Club leicht anzieht. Wer kommt, der kommt. Alle, die auflaufen, nutzen die Gelegenheit, das Neueste zu besprechen und auf den Straßen von London eine Weile dem Alltagsstress davonzufahren; jeder fährt mit, so lange er mag und sein Tagesplan es zulässt, um dann bis zum nächsten Mal die Biege zu machen.

Auf zum Sightseeing-Run

»Ich bin erst vor kurzem unter die Rollerfahrer gegangen – vor fünf Jahren, um genau zu sein –, doch dass es eines Tages dazu kommen würde, war wohl zwangsläufig. Seit unter mir neue Nachbarn eingezogen waren, hatte ich die Roller direkt vor der Nase. Die Zweitakter mit ihrem unverwechselbaren Mief und Lärm ließen sich nicht ignorieren. Trotzdem wäre ich nie auf die Idee gekommen, den Kopf aus dem Fenster zu stecken und ›Ruhe da unten!‹ zu rufen; stattdessen ging ich mich vorstellen, und im Nu hatten wir uns angefreundet. Immer wieder sangen die Nachbarn Lobeshymnen auf ihre Roller und den Spaß, den sie damit hätten, und in null Komma nichts wollte ich auch einen.« So erzählt die Grafikdesignerin und Fotografin Cath, die ursprünglich aus Manchester stammt, doch seit ihrem Studium an der Londoner Saint Martin's School of Art in der Hauptstadt lebt.

»Die Sache beschleunigte sich unversehens durch einen Glücksfund beim Trödler. Ich entdeckte ein gebrauchtes Audiogerät der Marke Glensound für 7 Pfund – der Name klang bekannt, ich rief schnell einen Freund an, einen Tontechniker, und der bestätigte mir das Schnäppchen. Ich griff zu und bot es dann selbst online zum Verkauf an. Mein Mindestgebot wurde schnell erreicht; am Ende erzielte es 780 Pfund! Bald danach fand ich diese 1982er Vespa V 100 von Douglas für 800 Pfund annonciert. Wenn ich

Broomstick

mein unglaubliches Fundstück aus dem Trödelladen dagegenrechnete, musste ich für den Roller nur noch 20 Pfund drauflegen – unglaublich!« Cath staunt noch heute.

»Nachdem ich den Roller abgeholt hatte, spielte ich eine Weile mit dem Gedanken, die verschiedenen Blautöne gleichmäßig blau überzulackieren. Nach einer kleinen Bruchlandung musste dann allerdings eine neue Lenkerverkleidung her – die bekam ich nur in Grün, und plötzlich gab es lauter Komplimente für die ungewohnte Farbkombi. Und das trotz des alten Spruchs, dass Blau und Grün nicht zusammenpassen!

Eines Abends, als ich mit meinem Scooter-Kumpan Grubby unterwegs war, hatte ich vorm Fenster der Imbissstube ›gruselige‹ Schattenspiele veranstaltet und mir damit den Spitznamen ›Window Witch‹ eingehandelt. Irgendwann war davon nur noch ›Witch‹ (Hexe) übrig geblieben, und als ich das Glück hatte, dem Künstler und Schildermaler Steve Millington vorgestellt zu werden, bat ich ihn, sein Können auf meiner Lederjacke unter Beweis zu stellen. Aber was ist schon eine Hexe ohne Hexenbesen – also hat er später auch noch die Seitenbacke meiner Vespa passend beschriftet und dabei zugleich einen fleckigen Bereich kaschiert, wo mir mal Benzin auf den Lack gekommen war.

Das Ergebnis ist so kunterbunt, dass ich mich jetzt völlig entspannt beinahe täglich auf Rollerfahrt begebe, ohne mich über die Kratzer zu ärgern, die unweigerlich zu den alten hinzukommen – es ist und bleibt meine zuverlässige, heißgeliebte Vespa, egal, wie angeschrammt sie ist.«

»Meine Leidenschaft für Roller entdeckte ich mit fünfzehn – da hätte ich noch längst keinen fahren dürfen –, und meine Mutter bekam davon überhaupt nichts mit. Als ich sie schließlich darauf ansprach, dass ich gerne einen kaufen würde, wollte sie davon nichts hören – sie war strikt dagegen. Irgendwann erzählte ich einem Freund der Familie, der auf der anderen Straßenseite wohnte, von meinem Dilemma. Daraufhin meinte er nur: ›Deine Mutter braucht es ja nicht zu wissen, stell ihn einfach in meiner Garage unter.‹ Gesagt, getan: Ein Kumpel von mir hatte ein paar Roller, mit denen wir immer über die Wiesen gurkten, und dem kaufte ich eine Vespa ab. Ich schaffte es, sie fast achtzehn Monate vor den Adleraugen meiner Mutter verborgen zu halten – sie hat nichts gemerkt«, erzählt Matthew Thompson.

»Einmal übte ich ein paar Straßen von unserer Wohnung entfernt auf meiner Vespa im Straßenverkehr, da kam plötzlich ein blauer Mini aus einer Seitenstraße. Einen blauen Mini fuhr meine Mutter! Ich geriet völlig in Panik, verlor die Kontrolle und raste quer durch vier Vorgärten. Der Roller und ich waren von oben bis unten mit Heckenschnipseln dekoriert, aber ich blieb drauf. Mein Kumpel wollte sich kaputtlachen: Es war nicht mal meine Mutter gewesen!

Wiederauferstanden

Später legte ich gut zehn Jahre lang eine Pause ein – vielen geht das ja so –, bis ich mit meiner Freundin in Griechenland im Urlaub war. Wir machten einen Spaziergang zu einem Restaurant, da sah ich eine Vespa in einem Busch stecken. So sehr Louise protestierte – ich zog die Schrottkarre aus dem Gestrüpp und verkündete begeistert, die bekäme ich wieder hin! Allein die Vorstellung fand Louise urkomisch, denn dass ich mal in der Rollerszene unterwegs gewesen war, wusste sie nicht. Widerstrebend stellte ich den Roller zurück und ging weiter, plötzlich richtig betrübt. Wir waren noch nicht lange wieder in England, da kam ein Roller-Magazin mit der Post: Louise hatte aus Spaß ein Abo bestellt, ohne mir etwas zu sagen. Doch wer zuletzt lacht, lacht am besten – eine Woche später kam ich auf einer Lambretta nach Hause.«

Matthew zeigt auf einen Roller, der einmal eine Lambretta Li1 mit 150 Kubik war, Baujahr 1959: »Ich habe diesen Roller als fahrenden Schrotthaufen gekauft. Nach ein paar Jahren gab er seinen Geist auf wie ein altes Grubenpferd. Die Zeit war reif, ihn von den Toten auferstehen zu lassen. Nun ist es so: Es gibt Mod-Roller, und es gibt *mod*ifizierte Roller. Und diese Reinkarnation gehört eindeutig zur zweiten Variante. Er ist ein absolutes Einzelstück, denn hier wurde ein früher Blechroller zu einem Original-Custom umgebaut. Der ist kein Schaf im Wolfspelz, in dem steckt genau das drin, wonach er aussieht: 240-ccm-TS1-Zylinder, Tuningkurbelwelle und -kupplung und stärkere Bremsen. Aber die Karosse, die ist komplett original.

Mir würde etwas fehlen, wenn ich an meinem Roller nicht herumschrauben könnte. Jede Schraube, jede Mutter, jede Unterlegscheibe – überhaupt alles ist meins, bis hin zu dem Motorrad-Rücklicht von einer alten Vincent und zu der Hotrod-mäßigen Lackierung.«

Ein Fuji in London

Die Ursprünge des Fuji Rabbit liegen beim japanischen Flugzeugbauer Nakajima Hikōki. Die nach dem Zweiten Weltkrieg getroffenen Friedensvereinbarungen untersagten es japanischen Herstellern, Flugzeuge zu konstruieren. Daher firmierte die Firma neu als Fuji Sanyo und konzentrierte sich nun auf Fahrzeuge für den zivilen Personentransport. Der enorm erfolgreiche Fuji Rabbit S-1 war Japans erster serienmäßiger Roller; er wurde im Juni 1946 auf den Markt gebracht, volle sechs Monate vor der Vespa. Die Marke entwickelte daraus eine beeindruckend vielfältige Rollerserie, die der Konkurrenz technisch weit voraus war – mit elektrischem Starter, Automatikgetriebe und pneumatischer Federung. Als Japans Wirtschaft Aufschwung nahm, ließ die Nachfrage nach Rollern nach, wie nicht anders zu erwarten. Die bisherige Kundschaft verlangte nun nach bequemeren Fahrzeugen – der Hersteller reagierte mit der Automarke Subaru. Der letzte Fuji-Roller wurde im Juni 1968 gefertigt, doch bis heute bewundern die Fans japanischer Populärkultur den Rabbit.

Niall, Eigentümer von Retrospective Scooters, einem führenden Londoner Spezialgeschäft für Roller-Oldtimer, konnte nicht umhin, auf diesen bemerkenswerten Stand der Technik anzu-

springen. Seine Begeisterung für Rollerklassiker wirkt ansteckend; sie begann in seiner Jugend in Nordirland, wo er – ein echter Mod – lange Jahre als Rollerkurier sein Geld verdiente, bevor er aus der tiefwurzelnden Leidenschaft ein Geschäftsmodell machte.

Er erzählt: »Wenn ein Roller in die Werkstatt kommt, der sich von den gewohnten italienischen Marken absetzt, bin ich immer neugierig, mit welchem Design und welcher Technik in anderen Ländern auf die Forderung nach motorisierten Zweirädern reagiert wurde. Als dieser 1968er Fuji Rabbit auf der Hebebühne stand, beeindruckten mich das Styling, der Erfindungsreichtum und die Qualität der Verarbeitung im Vergleich zu italienischen Oldtimern. Da man dieses Modell in Großbritannien ausgesprochen selten sieht, dachte ich, es schadet nichts zu fragen, ob ein Verkauf in Betracht käme – und zu meiner Freude willigte der Besitzer ein.

Von dem Geschäft mit italienischen Klassikern werde ich mich keineswegs abwenden. Aber manchmal tut es gut, die gewohnten Bahnen zu verlassen – und sei es nur, um die Dinge einmal aus einer anderen Perspektive zu betrachten und zu sehen, dass ein Roller auch eine ganz andere Geschichte haben kann.«

»Chrom und Spiegel sind nicht mein Ding – mein Roller ist ein Kilometerfresser. Dieses Jahr sind es schon fast 5000, und es sind erst sieben Monate rum. Glauben Sie mir, da fühlt man jeden Meter – erst recht jetzt, wo mein eigener Zählerstand bei 50 angekommen ist. Es ist unwahrscheinlich, dass ich noch einmal so lange durchhalte, also will ich aus jeder Minute das Beste rausholen. Meinen ersten Roller habe ich 1993 gekauft – gelinde gesagt ein Albtraum. Ich habe ein Vermögen reingesteckt, trotzdem blieb er ständig liegen. Damals war man als Rollerfahrer ziemlich auf sich gestellt, Experten traf man kaum. Am Ende hatte ich die Faxen dicke und habe ihn an jemanden verkauft, der mehr Geduld aufbrachte.

Auf die Szene hatte ich weiterhin ein Auge, ich habe Magazine gelesen, auch ohne Roller. Ich habe mich wohl vor allem über mein Pech geärgert – ich war ein gebranntes Kind. Also stürzte ich mich erst einmal in die VW-Käfer-Szene und danach auf Oldtimer. Immer wenn es zu teuer wurde, suchte ich mir was Neues. 2005 war ich dann so weit, dass ich es noch einmal mit einem Roller versuchen wollte. Diesmal hatte ich mehr Glück, und es war schön, wieder dabei zu sein!«
Vor drei Jahren kaufte Tornado Trev seine 1958er Lambretta Li1 aus spanischer Lizenz, die er »Warhorse« taufte. Da die originalen 125 ccm für seine langen Touren nicht genug hergaben, wurde Warhorse auf 200 ccm hochgerüstet; die Original-Karosserie aber bekam nur ein paar ausgewählte Aufkleber verpasst und von einem Rummelplatz-Schildermaler einen Schriftzug mit Blattgold.

Das Schlachtross

»Ich gehöre zum Wisemen Scooter Club in Yorkshire, mit den Leuten gehe ich auf Tour. Ich wohne zwar an der Südküste, aber diese Sorte Verein sagt mir am meisten zu – eine tolle Truppe. Die Mitglieder kommen aus dem ganzen Land; aus ihren Maschinen, alles nur bessere Einkaufswagen, kitzeln sie raus, was zu holen ist. Diese Leute haben mich Softie aus dem Süden unter ihre Fittiche genommen, und es sind tolle Freundschaften gewachsen. Keiner käme auf die Idee, den Roller des anderen runterzumachen – stattdessen haben wir Spaß, trinken ein paar Bier, reden Blech.

Die Punktemeisterschaft findet immer statt, ohne Rücksicht aufs Wetter. Beim Run von Land's End nach John O'Groats regnete es drei Tage ohne Unterlass, und wenn sich dann drei Mann im Bed & Breakfast ein Zimmer teilen und es nur einen einzigen Heizkörper gibt, ist das besonders übel – unsere Klamotten blieben durchgehend feucht. 45 Fahrer waren am Start, 33 miefende Kerle kamen ins Ziel. Fast 1500 Kilometer auf Hauptverkehrsstraßen – das stellt Mann und Maschine auf den Prüfstand. Und egal, was man macht, das Regenwasser schafft es immer die Hosenbeine hoch, bis in den Schritt – bei gut anderthalb Tausend Kilometern auf dem Bock kann man darauf gerne verzichten.

So eine Aktion für den guten Zweck ist ganz schön anstrengend, aber jeder Punkt zählt, und man bekommt die Punkte rasch zusammen. So wenig Geld ich bisher in den Roller investiert habe, so viel Spaß habe ich damit. Im Verhältnis zu dem, was ich hineingesteckt habe, habe ich wirklich eine Menge herausgeholt!«

»Ich muss mmer sehen, was für Innereien die Technik hat, die mich umgibt: Ich bin durch und durch Mechaniker, ich muss einfach wissen, *wie* etwas funktioniert. Als Kind hatte ich für normales Spielzeug nicht viel übrig; stattdessen wollte ich Sachen, an denen ich basteln konnte. Weihnachten war das Highlight des Jahres; alles, was ich geschenkt bekam, war noch vor Neujahr in seine Bestandteile zerlegt – wie die Dampflok, die ursprünglich gleichmäßig Dampf ausspie. Nach meinem Eingriff blieb einem von den Rauchwolken die Luft weg. Ich bin wohl in der falschen Ära geboren, ich gehöre in die Jahrzehnte vor den Achtzigern, wo man noch alles mit einem Steckschlüssel und einem Schraubendreher reparieren konnte.

Meine L ebe zu Motorrollern habe ich von meinen Eltern, sie sind diesen Meisterwerken des Nahtransports sehr zugetan. Als Junge hockte ich hinter meinem Vater auf dem Sozius, wenn er mit seiner Vespa P 200 E zum Scootershop in der Nachbarschaft fuhr. Mit fünfzehn hatte ich das Glück, dass ich bei Gran Sport [einer bekannten Rollerwerkstatt] erste Arbeitserfahrung sammeln konnte; daraus wurde ein Samstagsjob und schließlich Vollzeit.« Ashley kommt aus Birmingham; inzwischen ist er 25 und hat sich als Oldtimer-Mechaniker selbstständig gemacht.

»Die Lambretta TV 175 habe ich, seit ich siebzehn bin. Sie als ›Roller‹ zu bezeichnen war anfangs etwas übertrieben – das war nicht viel mehr als ein Rahmen mit Spritzschutz: 32 Löcher, ein Sieb! – und ein

Die Lambretta Turismo Veloce

paar Anbauten. Vielleicht gehörten die dran, vielleicht auch nicht. Ich ließ mich aber nicht abschrecken und machte mich auf die Suche nach allem, was nötig war, um das Teil auf die Straße zu bringen. Wieder wurde es Weihnachten, diesmal brachte das Fest ein Überraschungspaket voller Rollerteile – einen Feiertagsbonus von meinem Chef. Das Endergebnis ist mein schwarz-goldener ›Renn‹-Roller. Die aufgemalte ›63‹ ist das Baujahr. Obwohl ich sehr an der Lambretta hänge und eine Menge Geld drinsteckt, fahre ich sie – wozu sonst habe ich sie zusammengeschraubt. Wer mit dem Van zu einem Scooter-Treffen fährt, den Roller auf der Ladefläche festgezurrt, der kann auch gleich zu Hause bleiben. Der halbe Spaß ist doch die Anfahrt – selbst wenn man auf halber Strecke liegen bleibt.

Ich habe zwar auf ein unauffälliges Äußeres gesetzt, aber wer mich kennt, weiß, dass die TV auch ordentlich getunt ist. Sie hat noch die 175er Standardübersetzung, aber dazu einen 186er-GT mit Membran, einen 25er-Dell'Orto, elektronische 12-Volt-Zündung und einen Resonanzauspuff. Der wirkt beim Zweitakter wie ein Turbo, indem er unverbranntes Gasgemisch in die Kammer zurückdrückt, wo es zusammen mit der nächsten Ladung entzündet wird. Dadurch hat die TV eine fantastische Leistungsentfaltung, die für viele sehr überraschend kommt – wie für das Achtzylinder-Hotrod, das ich mal bei einem Dragsterrennen abgehängt habe.«

Secret Servix
VINTAGE SCOOTER CLUB EST. 1995

Sears

»Mein Bruder Jared ist zwei Jahre älter als ich und war von der ganzen Ska- und Rocksteady-Musik sehr begeistert. Ich habe ihn vergöttert, also stürzte ich mich kopfüber in dieselbe Subkultur, einschließlich Roller. Mit zwanzig habe ich meinen ersten gekauft, den habe ich heute noch, und ich werde mich nie davon trennen«, erzählt Janel, Inneneinrichtungsexpertin in der San Francisco Bay Area und begeisterter Fan des Fünfziger- und Sechziger-Jahre-Designs. Sie listet ihre Prioritäten auf: »Mode, Cocktails, Lippenstift, Schuhe, Roller« – aber sie scherzt, denn natürlich stehen bei ihrem Club, dem Secret Servix, die Roller im Mittelpunkt. 1995 wurde der reine Frauen-Scooter-Club in Denver (Colorado) als Alternative zu den Macho-Clubs der Männer gegründet. »Wir sind wie eine große Familie, und ein Gründungsmitglied sagte kürzlich treffend: ›Viel bezahlbarer als Psychotherapie!‹« Der Name ist ein kleiner Seitenhieb auf einen ausschließlich männlichen Scooter-Club in San Diego – die Secret Society.

Janel erzählt weiter: »Mein Roller heißt Harlow; er ist genau dasselbe Modell, das mein Bruder mit sechzehn fuhr, ein Sears Blue Badge Sprint – im Grunde eine umbenannte Vespa 150 Sprint. Er stammt aus der Zeit, als man beim Versandhaus Sears einfach alles bekam, von Socken bis zum Fertighaus. Sieben Jahre wurde dieses Modell verkauft; meins ist vom letzten Baujahr – 1966. Meiner Meinung nach ist das der beste Jahrgang, denn in den Jahren davor waren die Roller in einer abgespeckten Version geliefert worden, um die Gewinnmarge für Sears zu erhöhen. Alles am Roller ist original, genau so hätte er damals beim Händler stehen können, bis hin zur Rückleuchte – Kosename Micky-Maus-Licht.

Mein lieber Mann ist ein Reisesouvenir, ich habe ihn von einer USA-Durchquerung mit meinem Airstream-Wohnmobil mitgebracht. Wir haben uns bei einem Scooter-Treffen kennengelernt und sind seitdem unzertrennlich. Er schimpft, wenn ich mit hohen Absätzen fahre, aber wenn ich mich widerborstig fühle, tue ich's trotzdem. Ich sage dann: Je höher mein Absatz, desto näher bin ich Gott!«

Harlow

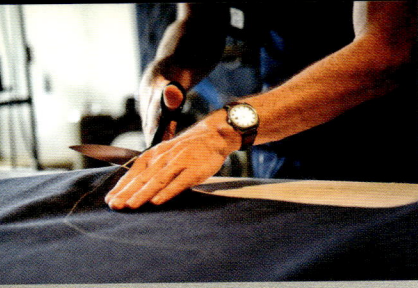

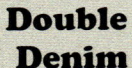

Double Denim

»Zweiräder liegen bei meiner Familie im Blut, ganz besonders bei meinem Vater, der war früher Rocker. Meine Mutter ist bei ihm auf der Triumph 110 mitgefahren, mit 160 Sachen – das haben sie mir bis vor kurzem komplett verschwiegen!«, erzählt Kelly, die mit ihrem Partner Scott das erfolgreiche britische Modelabel Dawson Denim gründete. »Zur Arbeit fuhr Dad mit der Vespa, und Scotts Eltern waren Mods. Da überrascht es kaum, dass wir uns beide sehr für die späten Fünfziger und die Sechziger und alles, was dazugehört, begeistern – manche würden uns schon fast als Fanatiker bezeichnen. Das reicht bis hin zu den Nähmaschinen, mit denen wir unsere Arbeitskleidung aus Denim fertigen. Man mag die Vorstellung von einer Nähmaschine, die älter ist als wir beide zusammen, komisch finden, aber uns und noch mehr unseren Kunden kommt es aufs Prinzip an – manche können die Nähmaschine allein anhand des Stichs identifizieren.«

Scott erzählt von sich: »Ich habe mich schon als Jugendlicher für alten Kram begeistert, auch wenn viele in meinem kleinen Heimatort das einfach nur peinlich fanden. Damals, Anfang der Neunziger, galt das wirklich nicht als cool. Ich bin froh, dass ich – anders als sie – den wahren Wert der Dinge erkennen konnte. Dass sie sich manchmal über mich lustig machten, war die Sache wert. Von dem, was in den Fünfzigern und Sechzigern hergestellt wurde, existiert noch heute erstaunlich viel – und zwar oft deshalb, weil es im Hinblick auf Langlebigkeit und mit Stolz gefertigt wurde, ganz anders als in der schändlichen Wegwerf-Gesellschaft

meiner Vorgängergeneration. Ich habe jahrelang einen sehr authentischen Sechziger-Jahre-Stil gepflegt, zeitweise stammte alles, was ich besaß, aus der Zeit vor 1970 – wirklich alles! Meine erste Lambretta Li2 erstand ich mit neunzehn; vorher waren alte VW-Käfer mein Ding. Dann folgte eine Vespa Sprint, danach eine Vespa GL, eine Lambretta LD MK2 und nun unsere Li2 mit 150 Kubik von '59. Für mich ist das Entscheidende das Design und das, wofür es steht – Roller waren in der Nachkriegszeit unverzichtbar.«

Und Kelly ergänzt: »Viele von den guten Eigenschaften, für die wir uns begeistern, fallen heute der Forderung der Verbraucher nach immer niedrigeren Preisen zum Opfer. An einer Nähmaschine aus den 1950er-Jahren zu arbeiten, macht uns ähnlich viel Freude, wie unsere alten Roller zu fahren. Wir haben beide moderne Automatikroller probegefahren, aber wenn man da den Startknopf drückt, könnte man genauso gut auf einem Rasenmäher hocken – null Erlebniswert. Ganz anders eine alte Lambretta oder Vespa: Man schwingt sich drauf und der Gang klackt rein – oder er hängt (Panik!) – lande ich im zweiten oder im dritten?! Jeder Roller hat seine Persönlichkeit, seine Macken, und das sorgt dafür, dass man immer konzentriert bleibt und die Fahrt entsprechend intensiver erlebt. Ein billiger moderner Scooter ohne ausgeprägten Charakter bringt einen zwar genauso zum Ziel wie ein echter Italiener, aber eines ist garantiert: Mit dem Klassiker hat es deutlich mehr Spaß gemacht!«

»Ich versuche, mich vom typischen Rollerfahrer-Klischee abzugrenzen. So fahre ich mit Begeisterung ein Modell, auf das der Scooter-Snob von oben herab schaut – mit seiner ungewöhnlich kantigen Optik setzt es sich von seinen Stallgenossen ab, und seine Entwicklung war für Piaggio eine große finanzielle Belastung. Doch je mehr sich andere an meiner Vespa Cosa stören, desto besser gefällt sie mir. Viele fragen ganz irritiert, ob das ein Prototyp ist. An der Cosa scheiden sich die Geister – es gibt nur Dafür oder Dagegen. Klar, sie hat ein paar wirklich schlecht durchdachte Details: Die Bugverkleidung aus Kunststoff bricht schon beim Anblick von Schotter, und im Handschuhfach beansprucht die Lenksäule so viel Platz, dass ansonsten nur noch Spaghetti hineinpassen.

Um zeitgemäße Accessoires für meine Cosa brauche ich mir keine Sorgen machen: *Anything goes* – je scheußlicher, desto besser. Mein Wechsel zur dunklen Seite des Rolleruniversums war in dem Moment perfekt, als ich einen Motorrad-Windschild anbaute – den hatte jemand erst grob für eine Lambretta adaptiert, und dann habe ich ihn für meine Cosa zurechtgefrickelt. Außerdem zähle ich zu den Followern des Darkside Scooter Club, das untermauert meinen Status weiter; mir gefällt die fortschrittbejahende Sicht dieser Leute auf alles, was sich Scooter nennt, ob mit Vario oder ›klassisch‹ geschaltet. Meine Cosa läuft momentan unter dem Spitznamen ›die Nonne‹, weil sie von vorn aussieht, als trüge sie eine Flügelhaube – das ist deutlich besser als ihr früherer Name: ›Flying Wheelie-Bin‹ [›Fliegender Rollcontainer‹].

Vespa Cosa 200

Ich habe die Cosa schwarz überlackiert, das alte Grün war unerträglich, aber stellenweise schimmert es noch durch – Scooter-Akne. Aber nichts kann mich gegen sie einnehmen, weder ihre Probleme noch dumme Kommentare – ich habe dann nur noch Mitleid und mag sie umso mehr. Ich bin an sie geraten, weil ich etwas Verlässliches für wenig Geld brauchte.« Stuart hat Kunst studiert, seine Arbeit kann man in der Royal Academy bewundern, allerdings zu Füßen: Stuart beteuert, für die Arbeit als Bodenleger sei ein Kunstexamen Voraussetzung.

Die Vespa Cosa ist ein Design von Paolo Martin; sie kam Ende der Achtziger auf den Markt, ein Versuch der Marke Piaggio, sich ein neues, modernes Image zu geben, um mit dem futuristischen Design aus Japan zu konkurrieren. Da Martin auf den modernen kantigen Look der Achtziger eingestimmt war, schien er die logische Wahl. Unsummen wurden investiert; weiteres Geld verschlangen Anpassungen, die nötig waren, damit die Cosa in Großbritannien schließlich zulassungsfähig wurde. Mit lediglich 10 000 gefertigten Exemplaren war der Roller ein Flop, das Modell hätte Piaggio beinahe das Genick gebrochen.

»Ich habe im Laufe der Jahre genug in Roller-Klassiker investiert, meine erste vom Britpop inspirierte Vespa hatte ich mit siebzehn. Jetzt will ich die Cosa professionell lackieren lassen, sie soll ein Haifischmaul bekommen, wie es die Bomber der Royal Air Force im Zweiten Weltkrieg hatten – ein später Gruß an meinen Vater, er war Schütze an Bord einer Lancaster.«

»Mein Vater gehörte zur ersten Generation der Mods; 1964, auf dem Höhepunkt der Bewegung, wurde er sechzehn. Er erzählt von dem Spaß, den er mit dem Roller hatte (er war, ist und bleibt ein Vespist), von Mohair-Anzügen, fantastischer Musik und Tanzabenden – und das alles ohne Drogen und Schlägereien, wie er beteuert. Während ich aufwuchs, erzählte er ständig Anekdoten. Damals interessierte mich das nicht sonderlich ich stand auf Rap und auf das, was unter Teenagern gerade Mode war. Als ich dann erwachsener wurde, begann ich eine Art Wehmut zu spüren, ich wollte mehr über das Leben meiner Eltern erfahren. Ich fing an, Musik von damals zu hören, lauschte seinen Erzählungen aufmerksamer und fragte ihn sogar manchmal von selbst danach. Als Roller wieder modern wurden, kaufte ich mir eine Vespa PX, als Schaltroller galt die in Rollerkreisen als akzeptabel. Meine Verwandlung war vollzogen. Ich weiß, dass man vergangene Zeiten nicht zurückholen kann, und ich will auch nichts sein, was ich nicht bin. Ich mache einfach mein eigenes Ding – mir geht es um einen gewissen Stolz und darum, mich von der Masse abzuheben«, erklärt Tom, Modellbauer, Papierkünstler und – in den Augen seines Vaters – Verräter, denn er fährt eine Lambretta. **Wally**

»So toll die Vespa ist, sie war nie mein Traumroller. Im Scherz sagen wir, ich hätte die Familie entzweit, indem ich diesen Direktimport erstand, einen Scheunenfund. Mein Vater hängte einfach auf, als ich ihm am Telefon sagte, ich hätte die Vespa wegen einer Lambretta verkauft. Ich habe die 1964er Li 125 nach meinem Motorrad fahrenden Großvater benannt, Wally, ehemals eine ›Wüstenratte‹. Die Lambretta war eine Standleiche, dekoriert mit Wandfarbe und einer dicken Lage Staub, Federn und Schneckenhäuser.

Ich habe sie praktisch von Grund neu aufgebaut, ganz nach der Devise ›Probieren geht über Studieren‹. Infos bekam ich aus Büchern und dem Internet. Die Rollergemeinde ist ein gewaltiger Wissenspool, alle helfen sich gegenseitig, fahrbereit zu bleiben. Dabei lernt man seinen Roller wirklich gut kennen – so gut, dass man am Vergasergeräusch merkt, wenn etwas nicht stimmt. Insgesamt finde ich diese Arbeit sehr erholsam – man kann sich völlig hineinvertiefen.

Mein Vater hat jetzt auch wieder einen Roller (natürlich eine Vespa), was wohl durch mich zustande kam. Dass seine Leidenschaft jetzt auch auf mich übergegangen ist, freut ihn gewaltig.«

Roller-Paarung

»Mit dem Roller lief es bei uns beiden genau entgegengesetzt: Tim lernte durch die Rollerszene den Motown Sound und Northern Soul schätzen, und ich kam durch ebendiese Musik zu meinem Interesse an Motorrollern, bis ich schließlich selbst einen fuhr. Etwa in der Mitte trafen wir aufeinander, und seitdem sind wir ein Paar.« So erzählt Amy, die auch ihren Vater, einen Mod der ersten Stunde, dazu anstiftete, sich wieder ein solches Zweirad zuzulegen.

Sie fährt fort: »Dad habe ich zu verdanken, dass ich die Musik seiner Jugend kennen- und schätzen lernte, und auf dieser Grundlage entwickelte sich mein Stilempfinden. Als er seine Lambretta TV 175 bekam, fiel auch bei mir die Entscheidung für einen Roller – hier war das Bindeglied, nach dem ich schon so lange suchte. Als ich nach London zog, war die Zeit gekommen. Dad freute sich so – als ich meine 1968er Vespa Sprint abholen wollte, bestand er darauf mitzukommen, um mir eine kleine Einführung zu geben: Ich war noch nie Roller gefahren. Ich sah mich nach anderen Rollerfahrern um und landete schließlich beim Bar Italia Scooter Club im Londoner Stadtteil Soho – seit Jahrzehnten schon ein beliebter Treffpunkt der Rollergemeinde. Da fand ich einen Trupp junger Erwachsener, die meine Interessen teilten und alle sehr rollerbegeistert waren. Meine Vespa blieb natürlich immer mal wieder liegen; dann musste ich oft – Jungfrau in Nöten – meine Hilflosigkeit eingestehen und bei meiner Scooter-Clique um Rat bitten. Ein strahlender Held

kam mir dabei nur zu gern zu Hilfe: Tim. In der Folge tauchte er immer wieder zu Soul-Abenden auf, und mit schöner Regelmäßigkeit (wohl nicht ganz ungeplant) kreuzten sich unsere Wege. Als ich ihn auf seinem Roller sah, war die Sache entschieden.«

Tim fährt fort: »Amy hat es durchschaut – dass unsere Wege sich kreuzten, war kein Zufall. Mit ihrer Vespa und ihrem unverwechselbaren Stil ist sie mir sofort aufgefallen – besonders in dieser sehr von Männern dominierten Szene. Ich kann leider nicht sagen, dass ich genauso aufwuchs: Mein Vater war zwar früher ein Mod mitsamt Roller, aber er ließ das alles hinter sich, als er in den Siebzigern zum Hippie wurde, und schließlich wurde er häuslich und durch und durch Familienvater.

An meinen ersten Roller kam ich über einen Freund – ein echtes Original, dem das Geld nur so durch die Finger rann. Einmal kam er auf einer Vespa PX 200 mit Beiwagen angerauscht, der war mit einem CD-Wechsler mit 12er-Magazin und Subwoofer ausgestattet! Wir sausten kreuz und quer durch Norfolk, und ich war begeistert. Solchen Spaß wollte ich auch haben! Wenige Wochen später war ich unter die Rollerfahrer gegangen, und zwei Wochen darauf fuhr ich zum Great-Yarmouth-Scooter-Treffen – die Schlange aus Motorrollern reichte so weit das Auge blickte. Diese 1971er Vespa 150 Super ist mein zweiter Roller, und ich freue mich sehr, dass mein Vater über seine Ängste hinweg ist und inzwischen auch wieder fährt.«

»Wenn Kinder etwas wollen, finden sie Mittel und Wege – ich war da keine Ausnahme. Mit dreizehn wollte ich unbedingt ein Mod sein, auch wenn ich ein bisschen spät dran war, um das Revival Ende der Siebziger voll mitzubekommen. Meine Mutter weigerte sich als Krankenschwester strikt, jemals eines dieser elenden Gefährte unter ihr Dach zu lassen. Und mein Vater, ein Polizist, spielte brav mit und unterstützte sie – etwas scheinheilig, wo er doch selbst in den Sechzigern Roller gefahren war! Und doch kam ich an einen Rol-ler, denn ich habe sie ausgetrickst: Ich habe mich um den Duke of Edinburgh's Award beworben, für den man etwas restaurieren musste. Das perfekte Objekt dafür hatte ich schon ausgeguckt: die 150er Li2 eines Nachbarn. Zugegeben, an der Lammi gab es gar nichts zu reparieren, aber so hatte ich zumindest einen Roller – mit dem fuhr ich im Garten herum, wenn meine Eltern weg waren«, erzählt Nathan. Sein Streich nahm ein gutes Ende: Seit zwanzig Jahren arbeitet er für eine Firma, die Roller repariert und restauriert.

»An die 1968er SX 150 kam ich vor etwa fünf Jahren, doch dass es sie gab, wusste ich schon seit Mitte der Neunziger. Ein Bekannter hatte sie in seiner gewaltigen Rollersammlung. Sosehr ich ihn bearbeitete, er wollte sich nicht von ihr trennen. Ich aber ließ nicht locker. Erst als das Scheunendach über dem Roller zusammensackte, gab er endlich nach und verkaufte an mich.

Greyhound 240

Ich habe nicht nur einen getunten aufgebohrten 200-Kubik-Motor eingebaut, sondern auch optisch eine Menge verändert. Ich wollte einen Roller, der sich von anderen unterscheidet, man sieht den Einfluss der Rennroller der Sechziger; dazu ein bisschen Patina, als wäre er zufällig gerade in einem Schuppen wiederentdeckt worden. Ancillotti war ein Rennroller-Tuner der 1960er-Jahre mit einem Logo, das auf dem Bild eines springenden Panthers basierte, und im Logo von Wildcat war ein Tiger – meine eigene Interpretation des Themas war ein Windhund im gestreckten Galopp. Ich machte Embleme von alten Greyhound-Fahrrädern ausfindig, dazu einen Windhund-Anstecker aus den Zwanzigern, und befestigte sie an auffälligen Stellen. Warum der Windhund? Nun, ich halte selbst zwei ausgemusterte Windhunde von der Rennbahn, da schien es nur logisch – immerhin sind es die schnellsten Hunde der Welt.

Ich habe noch andere Roller, aber diese Lambretta hat für mich besonderen Liebhaberwert – auch weil ich bei ihr deutlich mehr Herzblut eingebracht habe: Ich habe für sie die Fiktion einer möglichen Vergangenheit erstellt und sie entsprechend gestylt.«

Hotel Navarra

»Ich kann nie lange bei einer Sache bleiben. Das schließt Hobbys nicht aus – ich muss nur immer wieder neue Aspekte entdecken und auf der Höhe der Zeit bleiben. Das gilt auch für meine Motorroller. Ich fahre sie, seit ich sechzehn bin; seitdem habe ich so ziemlich alles kennengelernt, was dieses Hobby hergibt. Ich habe mich als Mod versucht, mit einem lupenrein restaurierten Scooter, aber das hat es für mich irgendwie nicht gebracht. Chopper, Cutdown, Scooterboy-Look mit Roller in Nato-Grün, irre Farben ... Der derzeit moderne leicht angefressene Look passt tatsächlich ganz gut zu meiner momentanen Phase. Es ist nicht so, dass ich mich nicht verpflichten könnte. Ich will nur nicht mit Scheuklappen durch die Welt laufen – ich halte mir alle Optionen offen, damit ich nicht was Besseres verpasse.

Vor ein paar Jahren – so läuft das typischerweise bei mir – begann ich, mich mit meiner aufgerüsteten Vespa T 5 zu langweilen. Eines Tages, ich war mit einem Kollegen unterwegs nach Coventry, da erzählte ich von meinem Dilemma und bat ihn, mal kurz mein Scooter-Magazin durchzublättern, ob vielleicht jemand einen Tauschpartner suchte. Und wer hätte es gedacht, da war eine spanische TV2 inseriert – und ausgerechnet in Coventry! Wenn das kein Zeichen war. Ich rief an, erklärte, ich wäre in der Gegend, ob wir

vielleicht vorbeikommen könnten. Wir haben also ein bisschen blaugemacht und den Roller unter die Lupe genommen. Von meiner T 5 hatte ich nur ein paar Fotos dabei, aber wir haben uns auf den Tausch geeinigt«, erzählt Gary. Die Lambretta TV 175 gehört nun ihm. Anstelle einer simplen Überholung hat er sich entschlossen, ihre spanische Abstammung herauszustreichen.

»Ich ließ mich von einem alten Foto inspirieren, das ich vor Jahren gesehen hatte: Ein Roller vor einem Hotel, der Hotelname schmückte die Seitenhauben. In null Komma nichts, bevor ich es mir anders überlegen konnte, hatte ich das Lettering nachgeahmt, inklusive Patina. Ich bin froh, dass ich mich dazu entschlossen habe, denn ich liebe das Resultat, und in meinem sozialen Netzwerk aus Gleichgesinnten findet es viel Beachtung.«

»Am Anfang stand die Erkenntnis, dass ich mein Kapital eigentlich besser nutzen könnte, denn mit meinem VW-Camper, einem Klassiker mit Showqualität, standen zigtausend Pfund fünfzig Wochen im Jahr in der Scheune geparkt. Jetzt erfüllt er jemand anderen mit Besitzerstolz. Einen Teil des Erlöses habe ich in einen praktischeren Westfalia-Caravan Baujahr 1959 investiert, und es blieb immer noch ein schöner Notgroschen übrig. Es war nun nicht so, dass mir das Geld in der Tasche brannte, aber ich hatte mir schon immer einen italienischen Roller gewünscht, und angesichts der gesicherten Finanzen brachte ich diesen Ball ins Rollen. Ich habe mir trotzdem Zeit gelassen und meine Hausaufgaben gemacht, habe immer wieder in der Rollerwerkstatt vorbeigeschaut und mich in Ruhe umgesehen. Schließlich entschied ich mich für eine Li3 mit 125 Kubik von 1963. Ich habe sie innig geliebt, so geht es wohl jedem mit seinem ersten Roller, aber noch mehr war ich von der Li2 angetan, mit ihrem etwas bulligeren Auftreten und dem runderen Bug«, erklärt Nick. Als Designer sind ihm Details und eine persönliche Note besonders wichtig.

»Als ich wieder einmal in der Werkstatt war, aus der meine Li3 stammte, unterhielt ich mich mit einem der Angestellten, der eine umwerfende Li2 fuhr. Er meinte, ihm gefalle mein Roller sehr, er trauere heute noch seiner früheren Li3 hinterher. Ich antwortete im Scherz, wir könnten ja bei Gelegenheit tauschen.

Form und Funktion

Darauf sprang er an, und nach ein paar weiteren Gesprächen taten wir genau das. Wir tauschten unsere Roller; dabei behielt jeder von seinem ›alten‹ einige Accessoires, an denen er besonders hing. Es kam überhaupt kein Geld ins Spiel – und ich hatte hinterher sogar ein paar Accessoires extra.

Form und Funktion – die Kombination von Praxistauglichkeit und Ästhetik – das macht für mich erfolgreiches Design aus. Die Lambretta hat niedrige Betriebskosten, ist praktisch und sieht auch noch fantastisch aus. Es ist schon etwas Besonderes, wenn man einem regulären Roller einen eigenen Charakter geben kann. Ich habe traditionelles Schottenkaro und einen Gepäckträger ergänzt, dazu Frontdeko, einen Lenkerkorb, einen beleuchteten stolzen Gockel – und einen Windschild. Der stammt zwar von einer Li1, aber ich denke, er passt trotzdem. Für einen echten Puristen ist so etwas natürlich ein Dilemma; persönlicher Geschmack ist da im Spiel und die Frage, ob es gut aussieht und seinen Zweck erfüllt.

Als ich meinen ersten Roller fuhr, stellte mir ein alter Schulfreund ein paar ähnlich eingestellte Rollerfans vor, eine schicke Truppe – Grüß dich, Mr. Parr! –, die sich am Sonntagmorgen zwanglos zu einem ordentlichen Frühstück trifft und dann ganz entspannt durch die Niederungen von Cambridgeshire rollert, um die Kalorien wieder loszuwerden (schön wär's). Das Herrliche an dieser Clique ist, wie individuell alle sind – zehn extravagante Fahrer und zehn völlig verschiedene Roller, jeder anders.«

Loggy

»Ich finde, ich habe im Leben eigentlich Glück gehabt. Ich bin gesund; ich lasse mich nicht unterkriegen; ich habe gute Freunde und klotze ordentlich ran – und habe dadurch das, was man im Leben so braucht. Ich habe über die Jahre so einige Szenen von innen gesehen und von jeder ein bisschen beibehalten – das macht mich zu dem, der ich bin. Wohlfühlen allerdings muss man sich vor allem in der eigenen Haut. Ich war lange Jahre Teil der VW-Gemeinde, dadurch war ich irgendwann mit einem charismatischen Liverpoo-ler auf Du und Du, der organisierte in ganz Großbritannien diverse VW-Schauen. Jahrelang haben meine Frau Estelle und ich immer wieder seine riesige Oldtimer-Sammlung besucht, lauter VWs und Porsche – wir konnten nur staunen und träumen. Ein Sammler macht selten bei einer einzigen Leidenschaft Halt. Brian hatte einen Roller. Inzwischen sind es um die hundert, aber diese erste Lambretta damals, eine Li3 mit 150 Kubik von 1965, hatte es mir wirklich angetan. Brian amüsierte es sehr, dass ich immer schnurstracks darauf zuhielt. Mich faszinierte ihre schlichte Schönheit. Wir hatten auch schon lange vor, einmal einen Roller aufzuarbeiten, aber dem standen leider die fehlenden Finanzen im Weg – solange wir nicht im Lotto gewannen, würde sich daran wohl nichts ändern.« So erzählt Loggy, der mit Brian bei einer Tauschbörse unter anderem über Roller ins Gespräch kam.

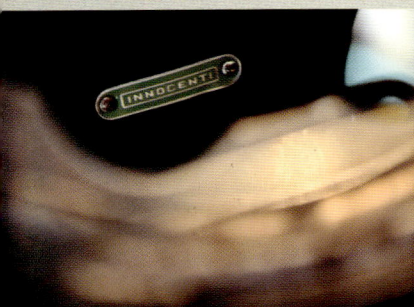

»Damals war Brian in der beneidenswerten Situation, dass er nach Frankreich ziehen konnte; was wir
nicht wussten: Er ließ andere an seinem Glück und Vermögen teilhaben, indem er völlig zwanglos Gutes tat.
Ich hielt es für einen Scherz, als er mir mit schelmischem Grinsen die Hand hinhielt: ›Schlag ein, dir gehört
ein Roller.‹ Ich konnte es kaum glauben: Das war kein Scherz, das war sein völliger Ernst – er übermachte
mir eine wunderschöne originale 1965er Li 150! Der Schock ging mir in die Glieder, ich musste mich erst
einmal setzen – es war, wie den Jackpot zu knacken! Und tatsächlich, ein paar Wochen darauf brachte Brian
die Lammi auf einem Hänger. So etwas Großzügiges hatte ich noch nie erlebt, ein unglaubliches Glück, so
was gibt es kein zweites Mal!«

»Vor dem Verchromen muss verkupfert werden. Verzichtet man aber auf den letzten Arbeitsgang, hat man ein preisgünstigeres Finish, das in den Sechzigern angeblich recht verbreitet war. Ich habe allerdings noch kein einziges Foto gefunden, das diese Behauptung stützt. Irritieren lasse ich mich nicht, oft entstehen die besten Ideen daraus, dass man ein älteres Design mit neuen Augen betrachtet. Also bin ich derzeit Urheber und stolzer Besitzer von etwas ziemlich Außergewöhnlichem.« Schon als Scott sich zu Studentenzeiten nach seinem ersten motorisierten Untersatz umgesehen hatte, war ihm klar gewesen, dass er nichts Neues wollte. Stattdessen entschied er sich für einen Retro-Roller der Achtziger – eine Vespa mit 50 Kubik.

»Einen solchen Klassiker mein Eigen zu nennen und zu fahren, war einfach umwerfend. Eifrig arbeitete ich mich Roller für Roller voran und hing schließlich bei einem Scooter-Club in Brighton herum; das hatte letztlich zur Folge, dass ich auch den Wertekanon übernahm, der mit der Rollerszene verbunden ist. Von kundigen Fahrern lernte ich dann so viel über das Innenleben dieser Geräte, dass Pannen für mich alles Rätselhafte verloren und nur noch der reine Fahrspaß übrig blieb. Da ich mich jetzt auskannte, kaufte ich weitere Roller – eine Zeitlang habe ich sie sogar zum Wiederverkauf restauriert. Schwierig war nur, dass **Copper**

ich alle Roller behalten wollte, denn ich investierte jedes Mal so viel von mir – aber ich musste sie verkaufen, wenn mir noch was zum Leben bleiben sollte. Und damit kam genau das abhanden, was für mich die Freude am Roller ausmacht, nämlich ihn für mich zu haben und ihn fahren zu können. Schließlich schwor ich mir, das Hobby nur noch privat zu betreiben und nicht als Geschäft.

Der Beschluss, meiner 1965er Lambretta Li 150 Special ein Facelifting zukommen zu lassen, kam etwa zeitgleich mit meinem Faible für Kupfer. Ich verwendete neuerdings Kupfer bei den Accessoires meines Modelabels, denn ich fand es einfach himmlisch, wie sich die Farbe des frisch verarbeiteten Materials von Rosighell nach Rostbraun oder sogar Türkis verändert. Außerdem mochte ich nicht mehr zusehen, wie erwachsene Männer (und eine Zeitlang hätte man mich darunter entdecken können) einander darin nacheiferten, dasselbe überteuerte Scooter-Accessoire zu ergattern, nur um einen Stil nachzuahmen, den sie bei jemand anderem gesehen hatten. Fort also mit den 17 Leuchten und den Accessoires, und weg mit dem graphitfarbenen Lack – irgendwann waren 25 Karosserieteile umlackiert, und das neue Farbschema in Dunkelblau und gebrochenem Weiß stand. Das Endresultat, mit Kupferdetails und Kaschmirsitz, schreit nicht angeberisch ›Hier bin ich!‹, sondern zeigt sich zurückhaltend distinguiert.«

Der Hotwheels
Scooter Club

Als 2001 endlich die Urlaubszeit gekommen war, planten die Freunde Ukkio und Corbe ihre erste Fahrt zu einem Scooter-Run – nicht ohne leichte Beklemmung. Keiner der beiden verfügte über den nötigen Roller, also borgte Corbe die Vespa seines Vaters. Nach dieser Hürde stand ihnen nichts mehr im Weg. Sie trafen auf die ihnen völlig fremde Welt der *scooteristi* – und waren fasziniert. Erste Bekanntschaften waren schnell geschlossen, und sie fanden Gefallen an der eklektischen Musikmischung aus Northern Soul, Ska, Reggae und UK Garage. Vier Tage darauf ging es nach Siena zurück, wo sie ihren Kumpels enthusiastisch von dem unvergleichlichen Erlebnis erzählten. Sie nahmen sich fest vor, im nächsten Jahr wieder hinzufahren. Gesagt, getan – diesmal waren sie auf eigenen Rollern und mit zwei Kumpels unterwegs. Am Ziel fanden sie bald die alten Bekannten wieder, und die Party begann von Neuem – die Begeisterung hatte in der Zwischenzeit nicht nachgelassen.

Viel zu schnell war es für ein weiteres Jahr vorbei. Daheim in Siena sahen sie sich mehrere Scooter-Clubs an, doch die Stimmung war nicht das, was sie auf Elba erlebt hatten. Sie suchten Gleichgesinnte, die nichts dabei fanden, wenn jemand seinen Oldtimer auch einmal hochindividuell gestalten wollte. Schließlich fanden sie bei den Green Onions, einem progressiven Rollerclub in Siena, Unterschlupf. Das hielt bis 2006 – dann gründeten die beiden den Hotwheels Scooter Club, mit lediglich einer Garage als Klubhaus.

Als der Club 2011 nach Elba fuhr, war das, was mit zwei Freunden, Träumen und einer Garage begonnen hatte, auf 37 Mitglieder angewachsen. Inzwischen sind es mehr als 80 Clubmitglieder, und an die Stelle der Garage ist ein geräumiges Klubhaus getreten. Rollerfahren ist aus ihrem Leben nicht mehr wegzudenken, sei es der Weg zur Arbeit oder eine Reise um die halbe Welt, um an Langstreckenrennen teilzunehmen. Vor allem aber genießen sie die Kameradschaft und die Freiheit, die der Roller mit sich bringt.

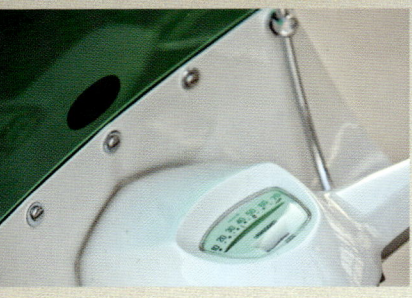

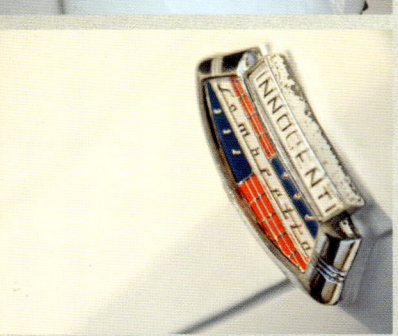

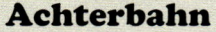

Achterbahn »Bei diesem Roller gilt ›Weniger ist mehr‹. Die TV 200 war zu ihrer Zeit das Nonplusultra, Londoner mit Geld fuhren sie. Ihr Emblem sagt alles, und ich habe sie stilecht gestylt. Ich möchte den Blick so lenken, dass die perfekten Accessoires, nach denen ich so lange gesucht habe, ihre Wirkung ungestört entfalten. Ich hätte eine fertig aufbereitete TV 200 kaufen können, das hätte unterm Strich wohl weniger gekostet, aber längst nicht so viel Spaß gemacht, denn so ein Roller gehört irgendwie nie ganz dir. Klar, dein Name steht im Kfz-Brief, aber wie die Maschine aussieht, das hat sich jemand anderes ausgedacht. Die Anschaffung der TV 200 kam aus keiner Laune heraus – ich hatte mir immer eine gewünscht. Außerdem gibt es – von meiner Tochter abgesehen – nicht viel, wofür ich mein Geld ausgebe. Meistens holt man seine Investitionen wieder herein, bestimmte Modelle verlieren heutzutage nicht mehr an Wert. Roller sind meine Schwäche.« So spricht Lee, dem diese Lambretta GT gehört, bei ihrer Markteinführung das Spitzenmodell. Der Sportroller schloss auf dem britischen Markt der 1960er-Jahre eine Lücke, denn er konnte es unter anderem mit der Vespa GS aufnehmen.

Lee erzählt weiter: »Mein Vater kommt aus Brighton und war ein echter Mod, hatte aber nie einen Roller, weil er zu jung war. Trotzdem sah er mit eigenen Augen, wie sich die Mods im Ort versammelten und was dort zwischen ihnen und den Rockern abging – auch wenn es wohl nicht ganz so dramatisch war, wie die Presseberichte glauben machten.

Dank seiner Jukebox wuchs ich mit Motown-Klängen im Ohr auf, sieht man von zehn berauschten Jahren ab, in denen ich Acid House hörte. Als ich die Raver-Szene wieder verließ (und zwar ziemlich mitgenommen), merkte ich, was mir gefehlt hatte. Ich sah eine Annonce für eine 1965er Lambretta Li 125 Special, und so kam ich an meinen ersten Roller. Obwohl ich mir schon immer einen gewünscht hatte, fand ich die plötzliche Verantwortung – und erst recht das Fahren! – ziemlich beängstigend. Mehrere Monate stand die Lambretta nur herum, bis mich ein Kumpel zu einer Probefahrt überreden konnte. Als ich dann das erste Mal die Straße entlangdüste, gab es kein Halten mehr.

Nach einer ziemlich schwierigen Phase in meinem Leben hätte ich sie beinahe verkauft; nur meine neue Partnerin und Seelenverwandte Tina, die mich sehr unterstützte, hat das verhindert. Ich befand mich damals auf einer echten Achterbahn der Gefühle. Inzwischen habe ich eine zweite Lambretta, eine TV2 mit 175 Kubik, Baujahr 1961. Die beiden sind sich noch nicht begegnet – ich bin mir nicht sicher, dass ich meine Aufmerksamkeit beiden Rollern widmen könnte, ohne darüber Tina zu vernachlässigen. Mein Tag kann noch so anstrengend gewesen sein – sobald ich vor dem Roller stehe, sind alle Sorgen wie weggeblasen, das ist meine Entspannung. Mein Vater hat mein Leben wirklich stark geprägt; er freut sich wie ein Schneekönig, dass ich Roller fahre, nachdem er nie die Gelegenheit hatte.«

M'lord »Ich stamme ursprünglich aus der hintersten Provinz – Perth in Westaustralien. Meine Mutter war vom Motown Sound besessen, mein Großonkel von Vespas; schon als Kind war ich starken musikalischen und stilistischen Einflüssen ausgesetzt. Als ich nach London zog, kaufte ich meinen ersten Roller: eine 1979er Vespa ET3, eine Smallframe. Eine Weile hatte ich eine Menge Spaß mit dem New Originals Scooter Club, doch dann zog es mich in Londons Mitte, konkret Soho. Da lernte ich den Bar Italia Scooter Club kennen und konnte bald schon nicht mehr ohne den zeitlosen Stil der Leute, ihre dummen Witze und die entspannte Haltung«, erzählt Nick Robins, der eine 1966er Lambretta Li 150 fährt. 1949 wurde die Bar Italia von der Familie Polledri in Soho eröffnet; trotz der entbehrungsreichen Zeit florierte die Kaffeebar. Ende der Fünfziger etablierte sie sich als Szene-Treff für schicke, hippe Teenager mit Scootern und Geld. Mit dem Segen der Polledris wurde 2002 der Bar Italia Scooter Club aus der Taufe gehoben; er versammelt lauter Gleichgesinnte, die sich regelmäßig am Café auf ihren Scooter-Klassikern treffen. Nick, inzwischen ›El Presidente‹, achtet darauf, dass das Sechziger-Jahre-Feeling des Clubs erhalten bleibt, und organisiert gemeinsame Ausfahrten zu den Highlights der Stadt und ins weitere Umfeld.

Er erzählt weiter: »Nach meiner wackeren ET3 kamen diverse weitere Roller: eine Vespa GTR mit irre vielen Lichtern; eine Vespa VBB, eine Original-Custom mit modernem Motor, perfekt für Touren durch Südostengland; und schließlich mein Traumroller – eine originale GS160 MK1 mit ein paar ›geschmackvollen‹ Accessoires. Irgendwann wünschte ich mir dann einen Roller, der auch fuhr, also verkaufte ich die GS und bemühte mich erfolgreich um eine schöne Lambretta, eine Li3 mit 150 Kubik, auf die ich schon seit Monaten ein Auge geworfen hatte. Die Li 150 ist absolut verlässlich; ich lasse sie – abgesehen von ein paar ausgesuchten Accessoires – so unverdorben, wie ich sie bekommen habe. ›M'lord‹ ist ausdauernd und belastbar und lässt mich nie im Stich – ich würde den Scooter gegen nichts eintauschen.«

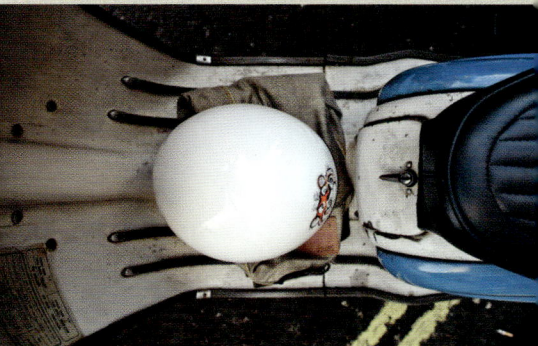

Authentisch

Manch ein Rollerfahrer auf diesen Seiten will sich heute gar nicht mehr bei den Mods verorten. Eines jedoch wird auch diesen Liebhabern zeitlebens nicht abhandenkommen: Der besondere Wert, den sie ihrer persönlichen äußeren Erscheinung und dem ihres Rollers beimessen. Diejenigen wiederum, die sich klar zum Stil der Mods bekennen, unterstreichen dies gern durch ihre Aufmachung und durch begehrte Scooter-Gimmicks; hinzu kommt die bis ins kleinste Detail reichende Sorgfalt beim Replizieren eines Rollertyps aus vergangenen Zeiten, wobei weder Kosten noch Mühen gespart werden.

Im Leben vieler Fahrer kommt dem Roller große Bedeutung zu, immer wieder stoßen wir auf Schlüsselmomente, die sie mit diesem Gefährt verbinden. Ein solcher Moment war häufig der Film *Quadrophenia*, der im September 1979 in die Kinos kam. Lange Schlangen von Jugendlichen im Mod-Parka säumten die Bürgersteige, und in der Folge prägte dieser Modestil das Stadtbild mehr denn je. Außerdem treffen wir in diesem Abschnitt auf mehrere Rollerfans, denen sich durch ihre Leidenschaft Gelegenheiten boten, die sie prompt beim Schopf packten.

Natürlich werden wir auf den folgenden Seiten einiges an Chrom, Lichtern und Spiegeln sehen, was typischerweise auf ebenso viel Beifall wie Ablehnung stoßen dürfte. Andere Roller präsentieren sich nah am Originalzustand, mit nur minimalen Abweichungen vom Fabrikstandard, und manche zeigen, welche Alternativen zu den bekannten italienischen Modellen existierten.

Eines lässt sich auf jeden Fall festhalten: Wir begegnen hier ausschließlich hochauthentischen Rollern und enthusiastischen Bastlern, denen nichts ferner läge als ein arrogantes Auftreten – Grund genug, ihnen den allergrößten Respekt entgegenzubringen. Für diese Menschen verkörpert das Styling ihres Rollers den Kern einer kurzen Ära, die manche von ihnen nicht einmal selbst erleben durften.

Lambretta
Li 125

»In den späten Siebzigern war ein Revival der Mod-Bewegung überfällig – es war eine desillusionierende, gereizte Zeit, was ich in meiner Provinzstadt an der Grenze nördlich von Dublin besonders deutlich spürte«, erklärt Patrick. »Wie bei vielen anderen kam auch bei mir der erste Scooter als Reaktion auf den Film *Quadrophenia*. In jenen Tagen wimmelte Irland von Rollern. Ein Kumpel meinte, in einem Garten in seiner Siedlung stünde ein motorisiertes Zweirad herum, das sähe aus wie eine auf den Kopf gestellte Kloschüssel. Tatsächlich, eine 1966er Cento Starstream Lambretta! Schon gehörte sie mir, und ich bekam meinen ersten Geschmack vom Fahrgefühl der Sechziger. Und ähnlich ging es weiter – als Nächstes ergatterte ich eine GP 200, ein echter Glücksgriff und mein erster echter Mod-Roller. Nur eine kleine Korrektur war nötig: die rot-weiß-blaue Kokarde, das »Mod-Target«, wollte natürlich farblich ein wenig verändert sein – Grün-Weiß-Gold kam in Irland deutlich besser an.

Mein Cousin, ebenfalls Mod, war nach London gegangen. Irgendwann brachte die Post ein gewaltiges Paket mit all den Mod-Klamotten, die ihm nicht mehr passten – es war, als fielen mehrere Jahre Weihnachten und Geburtstag zusammen, bügelfreie Levi's-Anzüge und alles mögliche andere. Über Nacht wurde ich zum bestangezogenen Mod der Stadt«, erzählt Patrick. Mit seinem Abschluss als Modedesigner konnte er in Irland nicht viel anfangen, also machte er sich auf nach London, wo es erneut auf Rollersuche ging.

»Ich habe diese 1964er Li 125 einem Italiener abgekauft. Ich wollte nicht viel damit machen – einmal auf-polieren, das sollte reichen. Die helle Freude ab Tag eins, sei es auf Tour durch Europa oder auf dem Weg zur Arbeit. Doch lange Gewöhnung und treue Dienste bringen zwangsläufig eine emotionale Bindung mit sich. Eine Restaurierung war mir schon immer durch den Kopf gespukt und ebenso die unvergesslichen Bilder der Rennroller mit Straßenzulassung der 1960er-Jahre, die man regulär zur Piste lenken konnte, um dort Rennen zu fahren. Davon profitierte vor allem der S-Type von Arthur Francis in Watford, wohl die bekann-teste absatzsteigernde Dealer-Sonderausgabe. Bei Arthur Francis einen Roller zu ordern, der lediglich schnell *aussah*, konnte man vergessen – auch die Leistung musste stimmen: Renntuning, Motorrad-Tacho von Smiths (wegen der genaueren Anzeige), Scheinwerfer für Nachtrennen, ausgefallene Farbgebung und so weiter. Zusammen mit meinem Freund Marcus Standen habe ich gut über ein Jahr gewerkelt, bis ich meine Huldigung an AF fertig hatte. Jahrelang war ich hundertprozentiger Mod, hielt der Sache bis ins letzte Detail die Treue. Der Vorteil einer internationalen Stadt wie London ist, dass dort so ziemlich alles geht. Trotzdem kann man nicht ewig sein Leben auf sechs Monate im Jahr 1964 abstellen, also nahm ich irgendwann ein wenig Abstand von der Szene. Jetzt bewege ich mich da so am Rande und suche mir von allem das Beste heraus. Aber meinen Blick fürs Detail und für Perfektion werde ich nie verlieren.«

»Ich war vierzehn; gerade war nach einem mörderischen Fußballspiel der Schlusspfiff ertönt. Auf dem Weg zum Fahrrad ging mir durch den Kopf, wie schön es doch wäre, könnte ich jetzt nach Hause gelangen, ohne in die Pedale zu treten. Da sah ich meinen Vater auf seinem Piaggio Bravo, das war der Cousin des meistver-kauften Ciao-Mopeds der Achtziger. Er wies auf sein Moped und bedeutete mir, ich solle damit heimfahren; er würde mein Fahrrad nehmen. Bis zu dem Augenblick durfte ich höchstens einmal vor meinem Vater auf dem Trittbrett stehen, wenn er selbst fuhr. Doch das war noch nicht die letzte Überraschung: Kaum war ich zu Hause angekommen, da übermachte er mir das Moped zu meinem 14. Geburtstag! Die Aussicht darauf, mein langsames, langweiliges Fahrrad stehen zu lassen und stattdessen mit meinen Freunden los-zubrettern, war für mich in dem Alter geradezu berauschend«, erzählt Paolo Angelini vom Lambretta Club Lucca – er hat das Glück, in Italien zu Hause zu sein, wo man bereits mit vierzehn Jahren ein Kleinkraftrad fahren darf.

Perfektion

»Diese 1962er Lambretta Li 150 kaufte ich vor drei Jahren einem Bekannten ab; er hatte sie zwar gewissenhaft restauriert, fuhr sie aber nicht. Ich fand, es sei eine Schande, einen so schönen Roller ungenutzt in der Garage stehen zu lassen – erst recht, wo er vom ASI [Automotoclub Storico Italiano] mit der ›Goldenen Plakette‹ ausgezeichnet worden war, der höchsten Ehre für ein perfekt originalrestauriertes Gefährt. Unablässig äußerte ich mein Missfallen über den ständig geparkten Roller, und das hatte schließlich Folgen: Andrea [der Eigentümer] gestattete mir zu meiner hellen Freude, ihn zu fahren, so oft ich wollte. Das wurde mir so zur Gewohnheit, dass ich ihn irgendwann fast als meinen betrachtete, und mit ein wenig Überredung brachte ich Andrea dazu, ihn mir zu verkaufen.

Was bringt mir eine Lambretta? Freiheit, meine ich, die Möglichkeit zum Ausspannen. Einen treuen Kumpel, der sofort und zuverlässig bereitsteht, wenn ich dem Alltagstrott und dem Nachdenken über die Arbeit einmal entfliehen kann. Diese Freiheit genieße ich besonders bei einer Fahrt in die Hügel rings um meine Heimatstadt Lucca mit ihrem herrlichen Ausblick.

Was den Massenexport unserer klassischen Roller ins Ausland betrifft, bin ich wirklich zwiegespalten. Ja, ich wünschte, es wären mehr im Land geblieben. Aber gleichzeitig kann ich es nachvollziehen, und ich bin stolz, dass unsere italienischen Design-Ikonen weltweit solche Wertschätzung erfahren.«

Glück gehabt: Eine Lambretta TV 175

»Ein raffiniertes Reklameplakat für die Vespa PX – ein braungebrannter Italiener, ein bildschönes Mädchen auf dem Sozius, Amalfi-Küste – und schon war ich bereit, mein Moped gegen die angepriesene Vespa einzutauschen. Nach der Vespa knatterte ich auf einigen Lambrettas herum, und ab 1983 – nach dem Ende von The Jam – legte ich eine Pause ein. 1994, beim Konzert einer Jam-Coverband, waren die Erinnerungen sofort wieder da. Es kam, wie es kommen musste – auch wenn die Preise in den zehn Jahren heftig gestiegen waren. Diesmal wollte ich aber näher am Original bleiben und mehr auf die wichtigen Details achten, vor allem bei der Kleidung – Lederslipper von Bass, Vintage-Ware von Levi's, Klassiker von Fred Perry. Der Roller sollte aus Italien stammen und mit den korrekten Accessoires von damals ausgestattet sein.

Dass ich heute diese Lambretta fahre, ist reines Glück. Vor etwa zwölf Jahren hatte ich gerade meine Li 125 hergegeben und war um 1300 Pfund reicher. Meine Frau hatte das Geld im Geiste schon mehrfach ausgegeben. Aber dann musste sie doch auf den Downtown-Shoppingtrip verzichten, denn ich sah eine TV 175 annonciert, für fürstliche 2200 Pfund.« So erzählt Simon, der den britischen Herrenausstatter Gibson vertritt und eine 1964er Lambretta TV 175 fährt, einen der ultimativen Mod-Roller. Er fährt fort: »So einen hatte ich mir schon immer gewünscht – in den Sechzigern waren die ganzen bekannten Gesichter, die Top-Mods und Fashionistas, hinter der TV 175 her. Dass ich mich dort einreihen könnte, würde wohl trotzdem ein Traum bleiben, denn ich hatte längst nicht das nötige Geld beisammen. Doch wer nicht wagt, der nicht gewinnt – ich rief an, zeigte mich interessiert und bot ganz frech 1500 Pfund. Mein Eröffnungsgebot wurde abgeschmettert, meine Telefonnummer hinterließ ich trotzdem, falls er den Roller nicht loswürde. Und tatsächlich gehörte der schließlich mir, für 1700 Pfund. Das war ein ordentliches Schnäppchen, also düste ich im Eiltempo nach Bognor Regis und fuhr meinen Lottogewinn nach Hause.«

»Ich gebe mich nicht oft geschlagen, doch einmal, bei einer Triumph Tigress, musste ich aufgeben. Zu einer Zeit, als viele ihre Roller loswerden wollten, kaufte ich sie an, polierte sie auf und verkaufte sie weiter – ein hübsches kleines Einkommen für einen Siebzehnjährigen. Die Tigress faszinierte mich sofort mit ihrem Design. Aber trotz ihrer futuristischen Stromlinienform schaffte sie es nie aus meiner Einfahrt. Je mehr ich darum kämpfte, sie zum Laufen zu bringen, desto mehr schien sie sich zu widersetzen. Schließlich gab ich auf und schlug sie wieder los.

Jahre später musste wieder ein Roller her. Das war 2004, und eine Lambretta war einfach zu teuer. Mir fiel die Triumph Tigress wieder ein und meine ›offene Rechnung‹. Es dauerte ein Jahr, bis ich fand, was ich suchte; zwei Kerle in Merseyside boten sie an. Ich gab ein faires Gebot ab, das wurde abgelehnt. Also offerierte ich mein Maximum, 1000 Pfund. Ich war mir sicher, sie dafür zu bekommen – wer war schon so verrückt und zahlte so viel für eine Triumph, wenn eine Lambretta kaum mehr kostete?« So dachte Bob. Doch der Roller, entworfen vom britischen Motorraddesigner Edward Turner und seinerzeit teurer als eine vergleichbare Lambretta, ging für 1200 Pfund weg, und er war am Boden zerstört. »Ein paar Monate später tauchte sie wieder in den Annoncen auf, diesmal von dem Typen angeboten, der mich ausgestochen hatte.

Triumph Tigress 175

Ich war neugierig und machte einen Termin aus. Entweder hatte er es sich anders überlegt, oder er hatte sie als Zitrone erkannt. Er war ein echter Gentleman – wir einigten uns auf die 1000 Pfund meines alten Gebots. Inzwischen hatte er zu der Tigress auch eine Geschichte ausgegraben. Er hatte die Erstbesitzerin von 1959 ausfindig gemacht; sie war den Roller ein Jahr gefahren, dann hatte sie einen kleinen Unfall gehabt und war ängstlich geworden – da stand der Kilometerzähler bei knapp 1300 Meilen, und auf dem Stand blieb er bis 2004. Der Roller ist in erstaunlich gutem Zustand, wenn man bedenkt, wie lange er nicht bewegt wurde.

Jetzt, bei meinem zweiten Versuch, war ich schlauer, doch genau wie meine erste Tigress ließ sich auch diese nicht leicht zähmen. Es fängt schon damit an, dass der Roller technisch überzüchtet ist. Man fragt sich zum Beispiel, wieso die Entwickler die Seitenhaube mit sage und schreibe neun Schrauben in drei verschiedenen Stärken befestigten. Ich musste dafür drei neue Schraubenschlüssel kaufen, denn in ihrer unendlichen Weisheit hatten sie auch noch Whitworth-Schrauben genommen – das ist ein Gewinde aus den 1840er-Jahren, das heute so gut wie gar nicht mehr zum Einsatz kommt. Ich war jedoch fest entschlossen, die Triumph flottzumachen, und irgendwann hatte ich sie so weit. Jetzt läuft sie wie eine Eins, ein herrliches Gefühl – gut ausbalanciert, ordentlich flott und dazu eine richtige Schönheit.«

Geduld

»Es heißt ja immer, gut Ding will Weile haben. Ich allerdings musste warten, bis ich über vierzig war, bevor ich an meinen ersten Roller kam. Als ich glaubte, ich hätte genug zusammengespart, um mir einen leisten zu können, das war Ende der Siebziger, waren die Preise – angeheizt durch das Mod-Revival – in unerreichbare Höhen gestiegen. Meine einzige Option war, mich in Geduld zu üben, bis meine Zeit gekommen war – bis die Kinder groß waren und die wichtigsten Ausgaben getätigt. Erst dann konnte ich mir meinen Roller gönnen.« So erzählt Jeff, der im Londoner Stadtteil Bethnal Green zur Welt kam und aufwuchs. Jeff macht die Ursprünge seines Sinns für die Kultur der Sechziger und ihre Roller bei seinen älteren Geschwistern fest, vor allem bei seinem Lambretta fahrenden Bruder, der Marc Bolan [den Frontmann der Band T. Rex] kannte; durch sie waren Jeff die Bilder, der Lärm und die Auspuffdämpfe der Roller-und-Mods-Ära sehr präsent.

»Als das Warten ein Ende hatte, wusste ich genau, was ich wollte: eine Li3 mit 150 Kubik von ’63, die hat für mich von allen das eleganteste Styling. Die Li war zwar für ihre Zicken bekannt, doch wie heißt es so schön: ›Lieber eine Lambretta schieben, als eine Vespa fahren!‹ Als ich meine ersehnte Li3 fand, war noch einiges zu tun, bis sie für die Straße fit war. 750 Pfund hatte ich für den völlig verrosteten Italienimport hingelegt. Viele Monate und einige tausend Pfund später erstrahlte die Lammi in alter Schönheit, mit minimalen Um- und Anbauten: einem GP-Motor mit 200 Kubik, dazu ein bisschen Chrom und Lichter – eine reduzierte, gemäßigte Optik.

Nach Abschluss der Restaurierung hatte ich das Glück, dass ich als einer von mehreren hundert Rollerfahrern als Komparse – klingt schicker als ›Statist‹ – bei einem Film mitmachen durfte, dem 2010 gedrehten ›Brighton Rock‹. Aber der absolute Höhepunkt war für mich die Beteiligung an der Abschlussfeier der Sommerolympiade 2012. Enorm viele Proben waren nötig, bis wir den Ablauf auswendig hatten; wir mussten exakt die richtige Geschwindigkeit halten, um uns auf dem Union Jack auf den Sekundenbruchteil genau zwischen die andere Roller-Gruppe zu fädeln, und die ganze Zeit hampelte eine Tänzerin hinter mir auf dem Sattel herum. Mit laufenden Motoren warteten wir geduldig auf das ›Los!‹ in unseren Kopfhörern. Ich hatte einen Platz in der vordersten Gruppe, und dann fuhren wir in das Stadion ein, überall Lichter und Musik, und die Kaiser Chiefs röhrten aus voller Kehle den Who-Song ›Pinball Wizard‹. Ich und mein Roller vor einem Milliardenpublikum in aller Welt – so etwas werde ich nie wieder erleben, ich bekomme heute noch Gänsehaut, wenn ich daran denke. Also ja, die Warterei hat sich gelohnt, und es ist wirklich etwas Gutes dabei herausgekommen.«

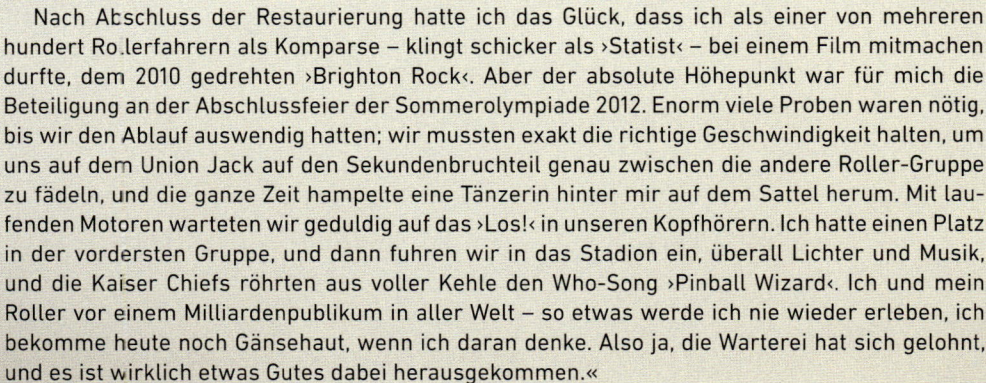

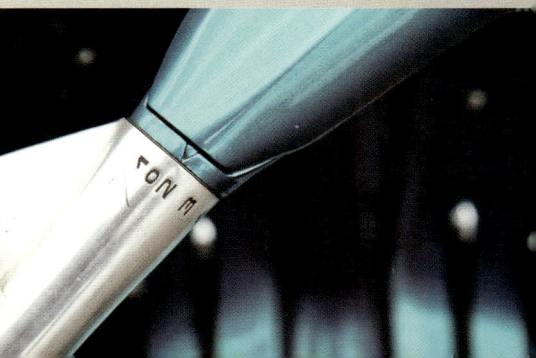

Der Goggo-Roller

Als die Nachkriegskonjunktur für Landmaschinen Ende der 1940er-Jahre abebbte, orientierte sich die bayerische Hans Glas GmbH neu: Man wandte sich dem boomenden Geschäftsfeld der Motorroller zu. Der Prototyp des Goggo-Rollers wurde Anfang 1951 vorgestellt, und wenige Monate später verließen die ersten Roller das neue Dingolfinger Werk. In den nächsten fünf Jahren wurden über 46 000 Stück der unverwechselbar kurvigen Goggo-Roller produziert; dann wandte sich die Firma den Kleinstwagen und dem später ebenso kultigen Goggomobil zu. Trotz der soliden Verarbeitung und der großen hergestellten Stückzahl existieren heute nur noch wenige dieser Roller. Außerhalb Deutschlands konnte das Modell nie mit dem Ansehen seiner italienischen Cousins mithalten; somit ist dieses kürzlich erst von Mark Battye restaurierte Exemplar aus dem Baujahr 1955 ein Roller mit Seltenheitswert.

R. Agius Scooters

»Mein Vater Richard war Franzose; der Nachrichtendienst des Britischen Militärs hatte ihn im Krieg nach England geholt, weil er fünf Sprachen sprach. Nach dem Krieg blühte sein Geschäft als Fahrradhändler, und schon bald erkannte er, welch gute Aussichten eine Angebotserweiterung um Vespas hätte. Piaggio exportierte jedoch damals nicht; stattdessen erhielt Douglas Motorcycles in Bristol eine Lizenz für die Produktion von Vespas für den britischen Markt. 1951 zählte R. Agius Scooters Ltd. dann zu den ersten autorisierten Douglas-Vespa-Händlern; inzwischen sind wir der älteste Piaggio-Vespa-Händler Großbritanniens. Wir kümmern uns um die Bedürfnisse der zweiten und teils schon dritten Fahrer-Generation«, erklärt Claude Agius. »Schon mit zehn Jahren hatte ich erste Pflichten im Geschäft: Tee kochen und die Werkstatt ausfegen. Abgesehen von einem kurzen Zwischenspiel als Büroangestellter und einem Kurs an der Saint Martin's School of Art, Fashion and Design arbeite ich zeit meines Lebens hier im Laden. Mitte der Sechziger war er ein beliebter Treffpunkt der Mods, ich gehörte selbst dazu.

Meine Vespa GS160 bekam ich 1963, da war sie erst ein Jahr alt. Sie spielte eine entscheidende Rolle bei meinem Werben um meine liebe Frau Barbara. Den Roller schmücken noch heute ein Sitzbezug aus Tigerplüsch und diverse Anbauten, die ich schon damals hatte, darunter eine Spirit of Ecstasy, die Rolls-Royce-Kühlerfigur – wobei ich betonen möchte, dass ich die *nicht* gestohlen habe. Ich habe sie lediglich von einem Roller abgeschraubt, den jemand bei uns gegen Ersatzteile eintauschte.«

»Als ich nach einem All-Nighter bei Northern Soul übernächtigt ins helle Tageslicht trat, sah ich vor mir Reihe um Reihe glänzender Roller, sauber geparkt wie Soldaten beim Appell. Mehr war nicht nötig, im selben Moment wusste ich, dass ich zur Scooter-Szene gehören wollte. Ich war fünfzehn, hatte mich zum ersten Mal in eine Art radikale Jugendbewegung gestürzt und fühlte mich toll. Als ich im Jahr darauf sechzehn wurde, musste mein erster Roller her – eine brave Vespa 50 Special, ein Modell, auf dem viele ihre ersten Erfahrungen gesammelt haben. Als ich ordentlich Selbstvertrauen hatte, besorgte ich ein 90er Conversion-Kit – das Ergebnis waren ein Kolbenfresser und ein Salto in den Graben«, erzählt Simon Thompson, der es fertigbringt, seine Rollerbegeisterung mit anderen Hobbys wie Americana der Fünfziger und US-Air-Force-Andenken der Vierziger zu vereinen.

»Unverdrossen machte ich weiter – Leben, Liebe, dies und das, bis ich Tina traf, meine wunderbare Frau. Nach etlichen gemeinsamen Jahren war sie es leid, ständig Roller anzuschauen, nur weil ich nach einer Vespa GS suchte. Damit die Qual endlich ein Ende hatte, schenkte sie mir eine 1958er GS150 VS4. Das war der Startschuss für die Verwandlung des Rollers in diesen Cadillac aller Scooter, mit seiner prachtvollen Farbkombination und der gleichen Lackierung wie eine Endfünfziger Arc en Ciel Special von Baldet in Northampton.«

Precious

Moto Baldet war ein Scootershop in Northampton; er gehörte André Baldet, einem Händler ohnegleichen, dessen unorthodoxe Marketingmethoden berühmt-berüchtigt waren. Er verzichtete auf traditionelle Werbung und machte sich stattdessen auf eine zehntägige Europatour, während derer er 3620 Meilen (gut 5800 km) abriss, um anschließend im Wechsel mit einem Kollegen auf dem Mountain Course der Isle of Man 100 Runden in unter 100 Stunden zu fahren (3775 Meilen oder 6074 km).

»Nur wer selbst Roller fährt, versteht, wie es ist, wenn man hinter einem heißbegehrten Accessoire herjagt. Es ist schon schwierig genug, ein 50 Jahre altes Ersatzteil ausfindig zu machen, doch wenn man dann Erfolg hatte, fängt der Spaß erst richtig an. Selten lässt sich der Besitzer problemlos überreden, sich davon zu trennen, erst recht nicht, wenn er so ist wie ich: Im Grunde sind wir alle unverbesserliche Horter!

Meine GS ist entsetzlich unzuverlässig – darum nenne ich sie auch Precious. Wenn sie nicht so verdammt gut aussähe, hätte ich ihr schon längst den Laufpass gegeben. Ich ertrage sie, weil ich sie nach achtzehn gemeinsamen Jahren einfach lieben muss. Einmal war ich so mutig, auf ihr zum Scooter-Run auf der Isle of Wight zu fahren. Unterwegs ging es durch einen Tunnel, also schaltete ich das Licht ein – und der Motor ging aus. Das Problem war zum Glück schnell behoben: Ich machte das Licht wieder aus. Ich habe immer diverse Ersatzteile dabei, man weiß nie, was man unterwegs braucht – am wichtigsten ist die Mitgliedskarte der Automobile Association.«

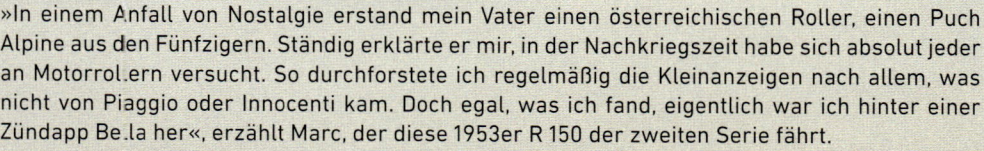

Die Schöne von Zündapp

»In einem Anfall von Nostalgie erstand mein Vater einen österreichischen Roller, einen Puch Alpine aus den Fünfzigern. Ständig erklärte er mir, in der Nachkriegszeit habe sich absolut jeder an Motorrollern versucht. So durchforstete ich regelmäßig die Kleinanzeigen nach allem, was nicht von Piaggio oder Innocenti kam. Doch egal, was ich fand, eigentlich war ich hinter einer Zündapp Bella her«, erzählt Marc, der diese 1953er R 150 der zweiten Serie fährt.

Wie viele andere deutsche Hersteller stellte auch Zündapp nach dem Zweiten Weltkrieg seine Produktion um. Die Firma gab die schweren Motorräder auf und konzentrierte sich ganz auf die Entwicklung mehrerer Roller-Prototypen – man wollte ebenfalls von der Rollerbegeisterung profitieren, die Italien bereits ergriffen hatte. Die Zündapp Bella war zwar nicht so kurvenreich wie die Lambrettas und Vespas ihrer Zeit, doch als 1953 auf der Internationalen Automobil-Ausstellung in Frankfurt a. M. der Roller mit dem kecken Namen enthüllt wurde, erntete sein elegantes Design großen Beifall. Das erste Modell wurde mit einem 146-ccm-Zweitaktmotor ausgeliefert (später wurden daraus 198 ccm), mit 12-Zoll-Felgen und ungedämpfter Teleskopgabel. Die Kombination aus hoch angesetztem vorderem Kotflügel und schmalem Heck, dazu der Brückenrohrrahmen, der eher an ein Motorrad von Norton denken ließ als an einen Motorroller, sorgten für einen starken Auftritt. Die Bella wurde von 1953 bis 1964 produziert, mit rund 130 000 verkauften Exemplaren.

Marc fährt fort: »Wie das bei Sammlungen so ist, fing es mit einer einzigen Bella an, inzwischen habe ich sechs. Allerdings aus gutem Grund: Ersatzteile sind selten, also kauft man ganze Roller als Teilelager. Diese R 150 ist der Star meiner Sammlung. Ich erstand sie von einem deutschen Zündapp-Sammler – er hatte in seinem Keller alles, was dieser Hersteller je gebaut hatte, vom Rasenmäher bis zur Nähmaschine.«

Eel-and-Pie-Run Vor dem Noted Eel and Pie House versammelt sich regelmäßig eine Rollerparade. Je nach Anlass kommen mal Dutzende, dann wieder nur eine Handvoll Scooterists zu dem Treff. Erst ist Zeit für Benzingespräche, dann machen sich alle über Teller voller Pastete mit Stampfkartoffeln und Petersiliensoße her – ein nostalgisches Lieblingsessen vieler Rollerfahrer mit Wurzeln im Londoner East End. Ist die Verdauungspause vorbei, schwingt sich die Truppe in den Sattel und macht eine Ausfahrt; durch die Straßen von Leytonstone geht es zu stetig wechselnden Zielen. Diesmal lag eine Sondergenehmigung vor: Die Kavalkade durfte in den Londoner Olympiapark, den einer der Fahrer in ganz besonderer Erinnerung hat, denn er war an der Abschlussfeier der Sommerolympiade 2012 beteiligt (siehe Seite 124–125).

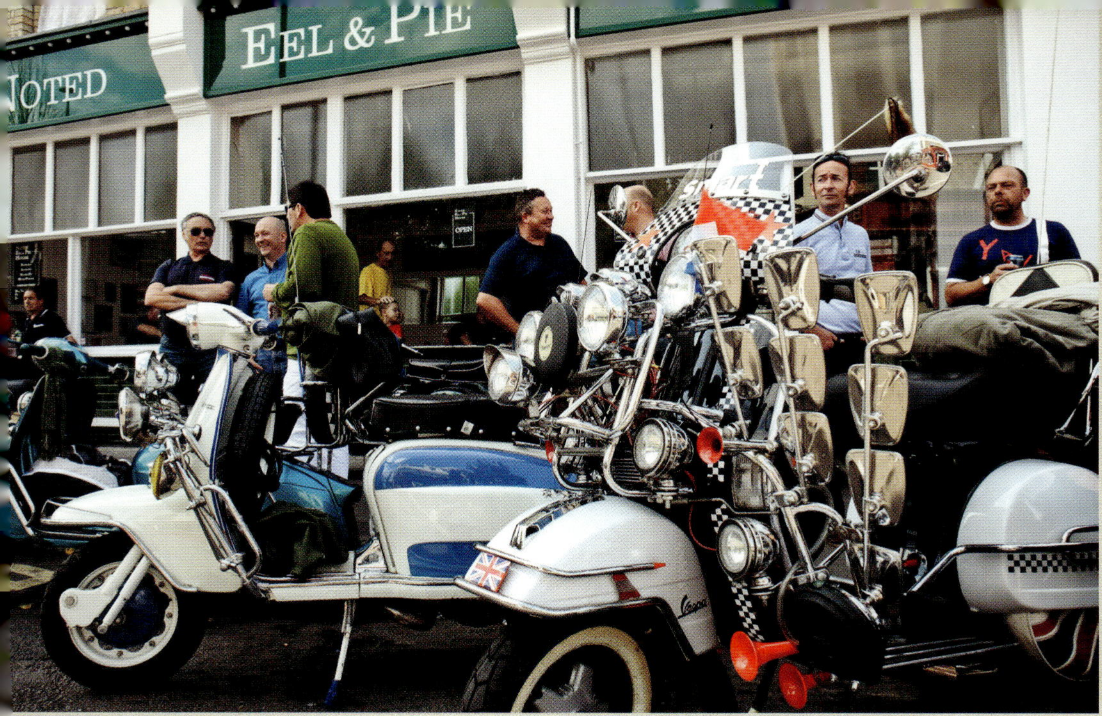
EEL & PIE

AUTO SPARES
HBJ
7500

CHOBHAM
MANOR

Olympic Park
Avenue

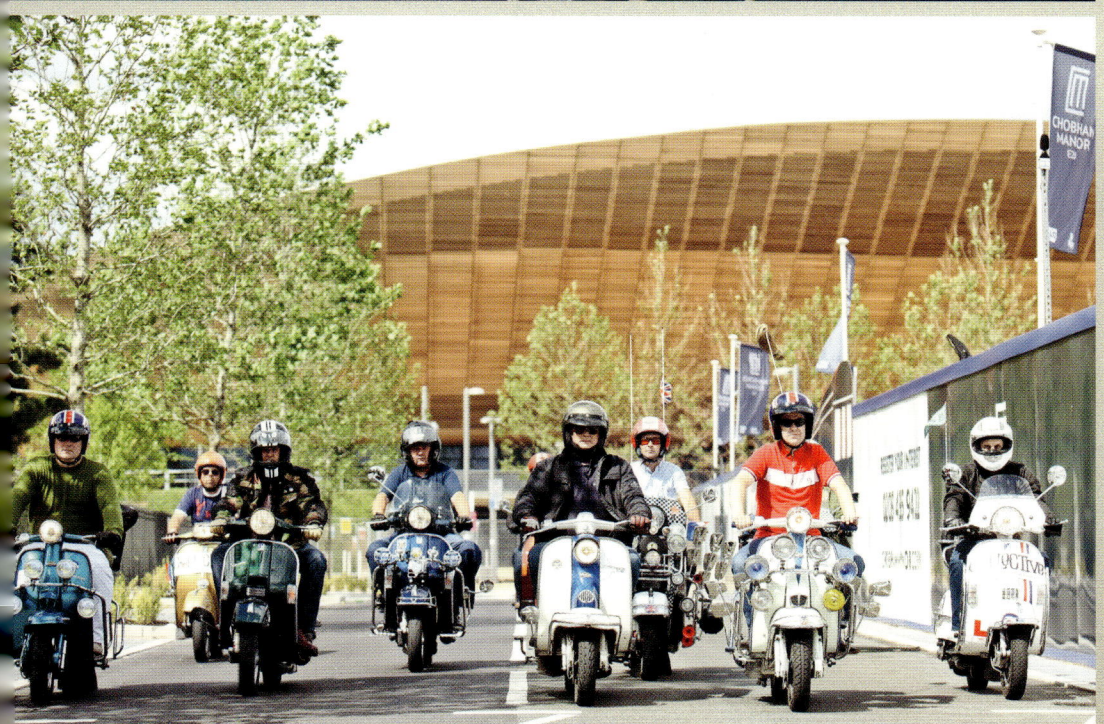

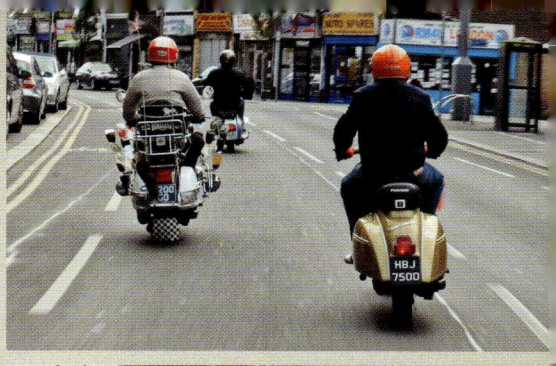

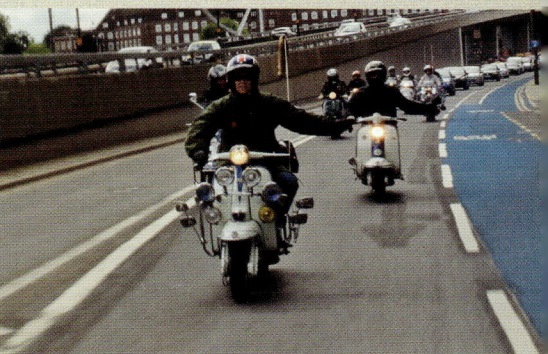

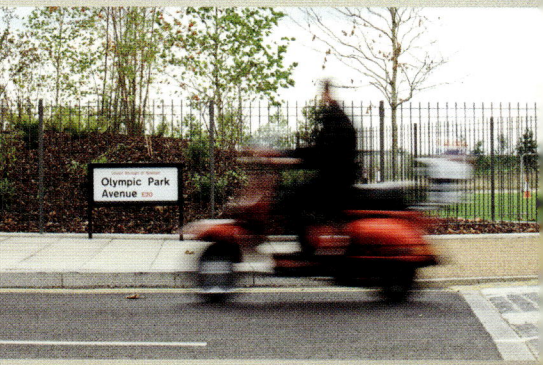

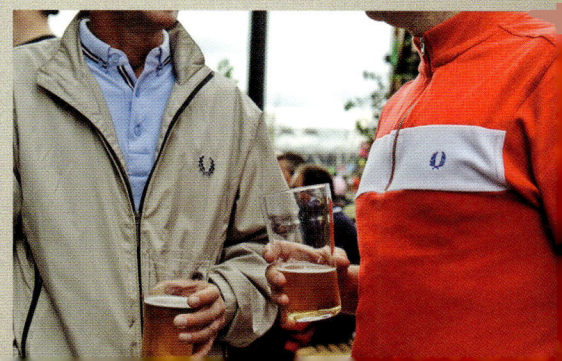

»1978 waren 300 Pfund keine geringe Summe, und doch fiel es mir verdammt schwer, mich dafür für drei Monate von meinem geliebten Roller zu trennen. Roller fuhr ich seit 1972 – da war ich noch längst nicht alt genug, um damit auf die Straße zu gehen. Auf Privatgelände habe ich damals so manche Lambretta geschrottet, bin über Terrain gekraxelt, an das sich kein Motocross-Fahrer gewagt hätte. War eine hinüber, bin ich los und habe für einen Fünfer die nächste gekauft – und wieder ging die Post ab! Als ich sechzehn wurde, 1974, war etwas mehr Vernunft angesagt, also habe ich 95 Pfund in eine Lambretta SX 150 investiert.

Das mit den 300 Pfund kam so: Wir hatten uns mit ein paar hundert Leuten in Southend zu einem Run versammelt. Da tauchte ein Typ auf, irgendwie völlig fehl am Platz, und erklärte, er wolle einen Film drehen. Wir haben natürlich geglaubt, der erzählt uns Märchen. Er meinte, er käme in der nächsten Woche zu unserem regulären Treff, und wer als Komparse mitspielen oder seinen Roller vermieten wollte, der solle da sein. Wir glaubten ihm noch immer nicht, aber die Neugier siegte, also sind wir hin. Zu unserer Überraschung kreuzte er tatsächlich auf, erzählte ein bisschen mehr über den Film und stellte denen, die sich anheuern ließen, Schecks aus – mir auch. Es sollte was mit dem Album *Quadrophenia* von The Who zu tun haben, mehr wussten wir im Grunde nicht.«

So erzählt Robin, dessen Spitzname »Yob« [Rowdy] nicht ohne die eine oder andere Schramme zustande kam. Immer wieder hatte er sich Ärger zugezogen, im Grunde ohne eigenes Verschulden; während sich das öffentliche Bild vom Scooter-Fahrer ins Negative wandelte, blieben etliche seiner rollernden Kumpel auf

Pretty Green

der Strecke. Er aber hatte sich nicht beirren lassen und 1976 den Modrapheniacs Scooter Club gegründet, der sich bald quasi zur Selbsthilfegruppe für ähnlich Roller-Besessene entwickelte.

»Bei den Dreharbeiten war ich anfangs meist Statist im Hintergrund. Witzigerweise wurden ein paar Kampfszenen mit Komparsen veranstaltet, die über keinerlei schauspielerische Erfahrung verfügten; als der Regisseur ›Action!‹ rief, entwickelten sich die Schlägereien zum Teil sehr lebensecht, und die eine oder andere Faust traf richtig ins Gesicht – das stand nicht im Drehbuch. Für manche Szenen bekam ich Anweisung, neben Superstar Sting herzulaufen – fehlgelenkte Schläge sollten lieber mich treffen, ich war austauschbar. Das Ganze war ein tolles Erlebnis; ich war zur richtigen Zeit am richtigen Ort.

Roller waren unser Ticket zu der sagenhaften Scooter-Szene im Norden, da tobte das Leben. Meine beiden Freunde und ich waren ein chaotischer Haufen, wir haben uns beim ersten Mal ziemlich verfahren und waren vier Mal so lange unterwegs wie nötig. Doch die Gemeinschaft war ansteckend, und ich möchte diese Erfahrung um nichts in der Welt missen.

1978 vermachte mir jemand seine Schrottkarre, eine 1972er Lambretta Jet 200 aus Spanien. Da hatte ich schon eine ganze Garage voller Ersatzteile und Accessoires; 1980 war ›Pretty Green‹ dann fahrbereit, in knalligem VW-Käfer-Grün – mich erkennt jeder von Weitem! Es gibt sicher Roller, die mehr wert sind, aber für mich ist dieser unersetzbar: In den 36 Jahren, die wir zusammen sind, habe ich jedes Detail bearbeitet.«

»Wahrscheinlich verlockten mich die Geschichten von Roller-Episoden in den Sechzigern, es dem Rest der Familie gleichzutun – auch wenn das alles vor meiner Zeit war. Mein Vater fuhr damals eine Lambretta TV 200 mit Seitenwagen. Mit meiner Mutter und meinem großen Bruder machte er sich immer wieder mal von Southampton nach Blandford auf den Weg. Meiner Mutter war es peinlich, sich im Seitenwagen sehen zu lassen, also kam mein Bruder dort hinein, und weil der nicht das nötige Gewicht mitbrachte, sorgte mein Vater mit Ziegelsteinen dafür, dass das Gespann nicht kippte.« David, ein Designer aus Hastings an der englischen Südküste, schwört auf 10-Zoll-Felgen und legt enormen Wert aufs Detail.

»Ein Bekannter konnte seine Lambretta SX 150 nicht zum Laufen bringen, obwohl er den Vergaser mit heißem Wasser und Spülmittel geputzt hatte; es war nicht schwer, ihm die Sache aus den sauberen, inkompetenten Händen zu nehmen. Kaum hatte ich den Roller in meinen erfahreneren Händen, habe ich ihn zerlegt, vernünftig in Ordnung gebracht, wieder zusammengesetzt und mit schwarzem und elfenbeinfarbenem Sprühlack aufgepeppt. Meine Zugehörigkeit zur Scooter-Szene war damit endgültig bewiesen.

Eine meiner ersten Tändeleien mit der Rollerszene war durch den Stil der Paninari inspiriert, einer italienischen Jugendkultur der Achtziger. Typisch für den Paninaro waren Markenkleidung und zum Beispiel Timberland-Boots; benannt sind sie nach dem ursprünglichen Lieblingstreff in Mailand. Da das Ganze in

Supertune –
Die Lambretta
SX 225

Italien stattfand, spielten Roller natürlich eine größere Rolle. Damals, auf den Straßen von Southampton, belegte *panini* zu verlangen, hätte mir nur verständnislose Blicke eingebracht, also ließ ich mich nicht unterkriegen und nahm mit Fish'n'Chips vorlieb.

Mich fasziniert die Geschichte der Rollerrennen in all ihren Facetten. Ich kann mich in Nachschlagewerke und alte Fotos vertiefen, die Roller darauf analysiere ich bis ins kleinste Detail. Meine derzeitige Lambretta habe ich seit zehn Jahren. Ursprünglich war sie eher unauffällig, eine Li 125 Special in Hellblau und Pistaziengrün. Ich beschloss, daraus eine S-Type zu machen, und ging dann noch einen Schritt weiter: Eine Supertune sollte es werden. Mit Unterstützung von Ron Moss habe ich sie zerlegt und neu aufgebaut; die smarte schwarz-weiße Supertune-Lackierung habe ich gezielt mit ausgesuchten Details ergänzt. Was die betrifft, mache ich mich völlig verrückt, alles muss auf den Millimeter stimmen, hinzu kommen Sonderanfertigungen von Emblem-Repliken mit Custom-Schriften – Details, die viele nicht einmal bemerken, aber mir springen sie sofort ins Auge.

Momentan habe ich einen Fuß im Lager der Rollerfans und einen bei den Motorradfahrern, bei jeder Gruppe finde ich etwas anderes. Abgesehen davon, dass es bei beiden um Zweiräder geht, ist ihnen noch etwas gemein, etwas ganz Entscheidendes: die völlige Freiheit, die Selbstbestimmung in jeder Hinsicht.«

Waterloo Sunset

»Anfang der Siebziger fuhr ich eine Lambretta, aber da war der Höhepunkt der Mod-Ära leider schon vorbei. Sosehr ich sie liebte – Roller waren damals aus der Mode und kaum zu sehen. Wer es sich leisten konnte, stieg aufs Auto um, straßentaugliche Roller konnte man entsprechend für zehn Pfund abstauben. Ich zerbreche mir noch heute den Kopf, wo meine Lammi damals abgeblieben ist. Wir sind umgezogen – vielleicht habe ich sie beim alten Haus gelassen. Heute ist das Modell sehr gefragt.« So erzählt John, dem dieser Mod-inspirierte Scooter gehört und der inzwischen weiß, dass er ohne Zweitakt-Duft nicht kann.

»Es folgten Heirat, Kinder, Enkel. In null Komma nichts war es August 1989, und wir fuhren übers lange Wochenende auf die Isle of Wight. Die ganze Familie hatte sich am Strand ausgebreitet, da waren wir auf einmal von ganzen Schwärmen von Motorrollern umringt. Als meine Frau fragte, ob wir uns einen anderen Platz suchen sollten, antwortete ich ganz unschuldig: ›Ach was, nicht nötig!‹ Den ganzen Tag nahm ich das fantastische Aufgebot ab – unglaublich, wie lebendig die Rollerszene noch war. Zwei Monate später fuhr ich wieder Roller; ich habe es keinen Augenblick bereut.

Diese 1961er TV 175 habe ich 2007 erstanden, ohne Wissen meiner Frau. Sie hatte nichts dagegen, dass ich Roller fuhr – aber dies war mein *zweiter*. Die Lambretta wurde gebracht, und ich schaffte es so gerade, sie zu verstecken, bevor meine Frau heimkam. Sie wurde mein kleines schmutziges Geheimnis.

Das Projekt Waterloo Sunset wartete nur noch auf den Startpfiff. Mehrere Fotos von Kultrollern der Sechziger dienten mir als Orientierung; zwei Jahre lang habe ich gebastelt. Alle Teile auf einmal zu bekommen war unmöglich; monatelang klaubte ich seltene Accessoires aus aller Welt zusammen. Dann hieß es Geduld haben, bis alle Ersatzteile ausfindig gemacht waren – die Reihenfolge des Einbaus war nicht beliebig. Mein fest angeschraubter ›Smiley‹-Windschild ist so selten wie ein weißer Rabe – die sind damals oft abgeflogen und waren dann futsch oder sofort vom nächsten Auto plattgefahren.

Viele Leute können sich die Mod-Ära gar nicht ohne unzählige Roller mit gewaltigen Lichter- und Spiegelbatterien vorstellen. Tatsächlich gab es sie nur kurze Zeit, die Trends haben sich damals über Nacht verändert. Das Schlimmste wäre gewesen, so zu sein wie alle anderen. Kam einer mit zwanzig Spiegeln am Scoot angerollert, machten ihm das alle sofort nach; also hatte er das nächste Mal zwanzig Lichter und Wimpelstangen, und guckte man noch einmal hin, war der Trend schon zurück zu ›Weniger ist mehr‹ – so schnell ging das. Rollerfahrer vom Typ Tourenfahrer versuchen mich manchmal mit dummen Bemerkungen aufzuziehen, Sachen wie ›Chrom-Orgel‹. Immerhin fahre ich meinen Roller, das tut längst nicht jeder. Klar, mir liegt viel an der Lambretta, aber sie soll auch auf die Straße – wozu habe ich sie sonst?

Als die TV in einem Magazin präsentiert wurde, musste ich meiner Frau alles gestehen. Glücklicherweise hat sie sich von der schönen Aufmachung besänftigen lassen und mir verziehen. Sie fragt oft, was das Ganze gekostet hat – das habe ich ehrlich gesagt nicht einmal für mich selbst aufgerechnet, ich will es gar nicht wissen! Wie sagt man so schön? ›Wenn ich mal sterbe, sag meiner Frau, sie soll für den Roller um Himmels willen mehr verlangen, als ich angeblich bezahlt habe!‹«

Clacton-on-Sea Im März 1964 fielen Schwärme von Mods und Rockern ins Küstenstädtchen Clacton-on-Sea in der Grafschaft Essex ein. Dass beide Gruppen ausgerechnet dieses Wochenende wählten, war kein Zufall – die Spannung hatte sich schon lange hochgeschaukelt. Hier gipfelte sie nun in Krawallen, bei denen Strandliegen geschwungen und Schlagzeilen gemacht wurden. Zum 50. Jahrestag im Frühjahr 2014 rollerten Tausende Scooter an: Nicht um zu feiern, sondern um der damaligen Ereignisse zu gedenken.

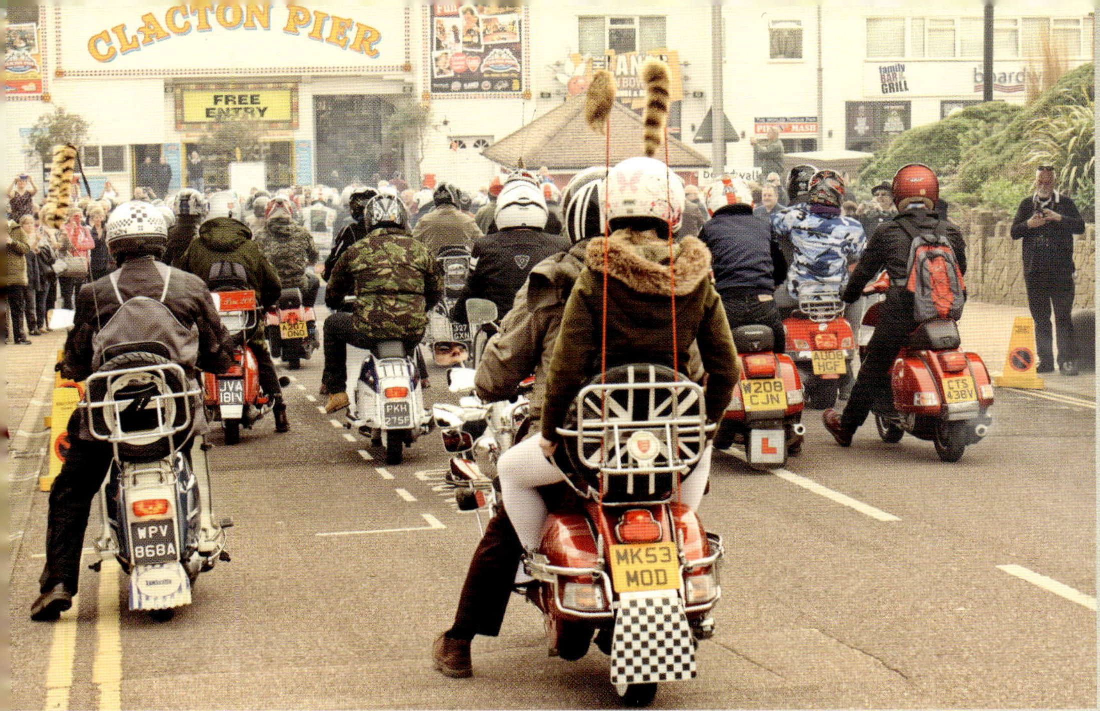
CLACTON PIER
FREE ENTRY
WPV 868A
MK53 MOD

Cafe Racer
59
MICHELIN

The Old Skool
1964
64

SIDEWINDERS
GT. YARMOUTH

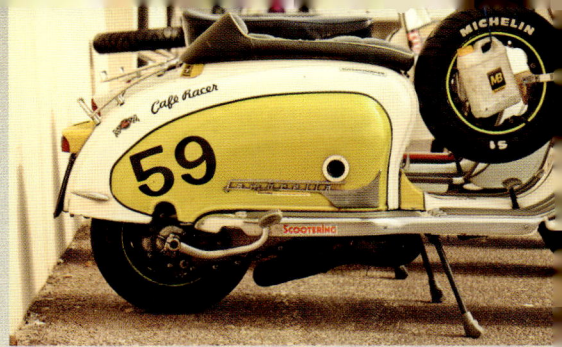

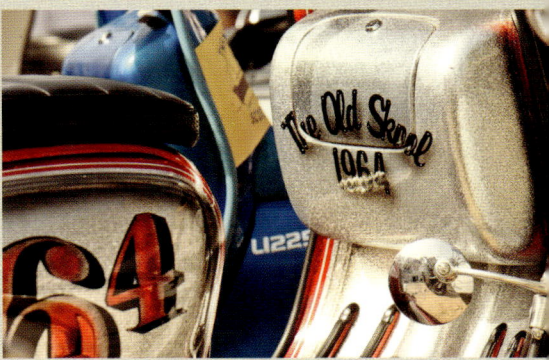

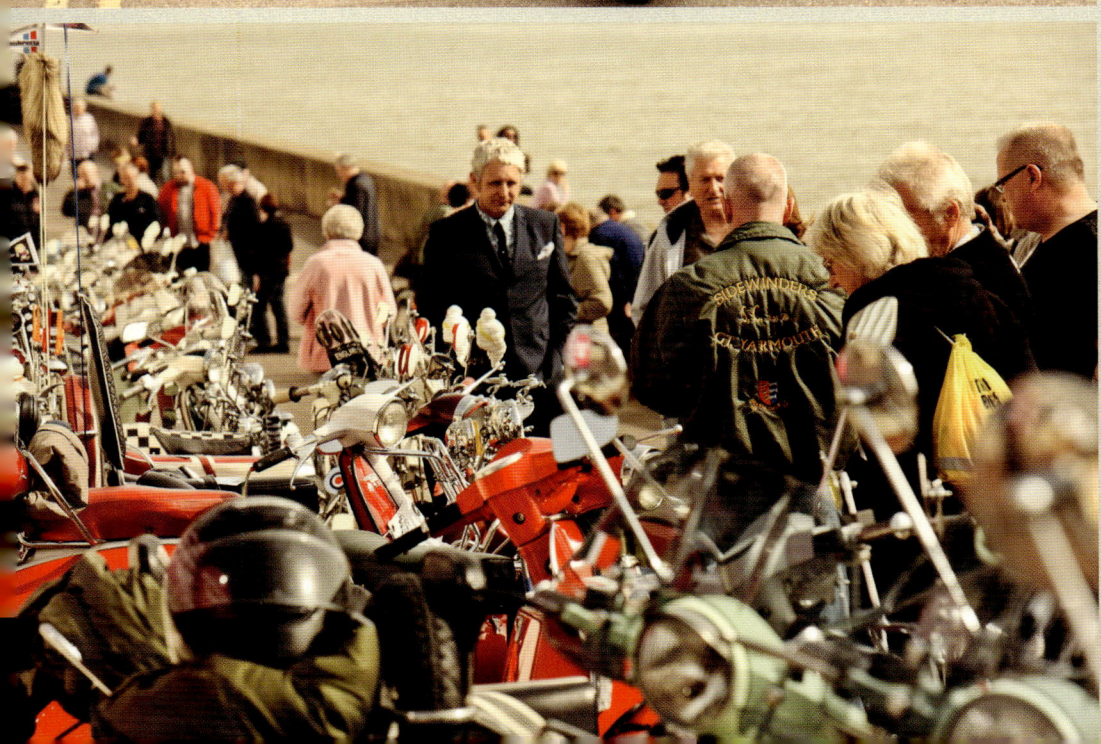

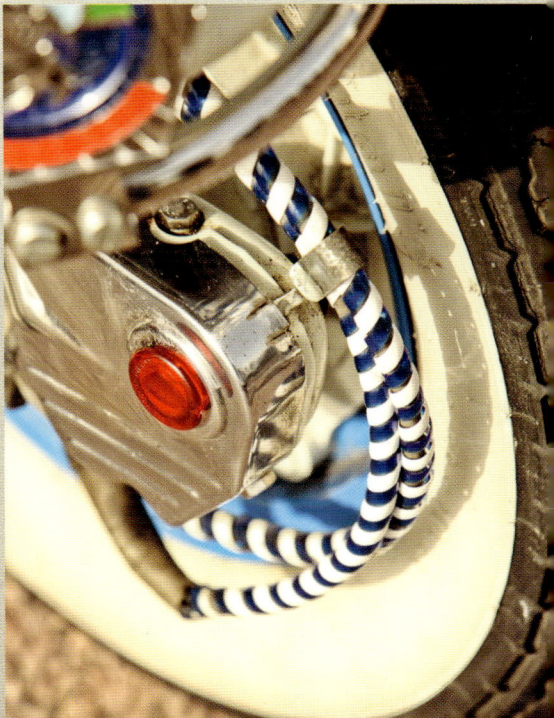

The Who

Oi!
SKINHEAD
ENGLAND

MILAN RATS
I WANNA BE RESTORED
CASTROL
BELGIUM
KELSO
GTX
AMERICA

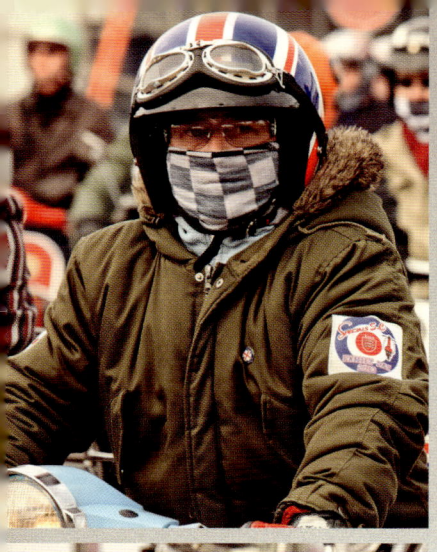

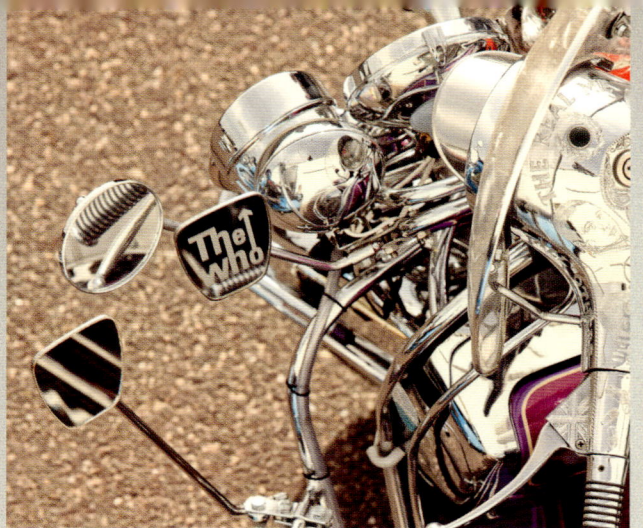

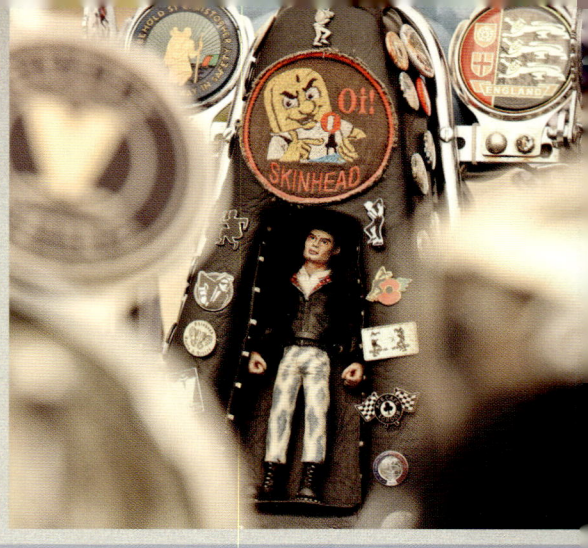

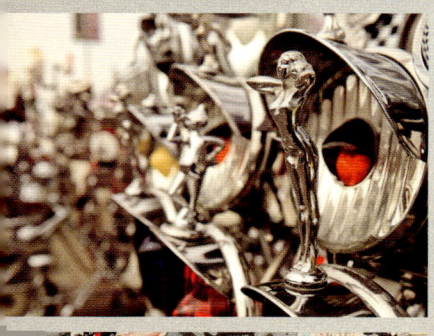

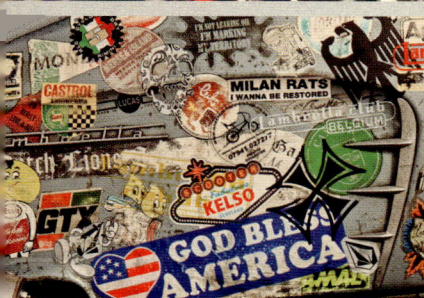

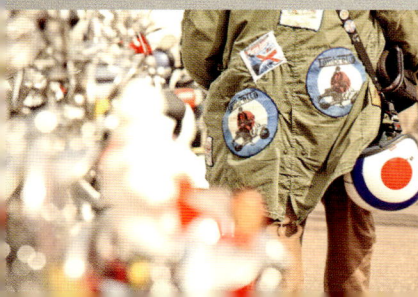

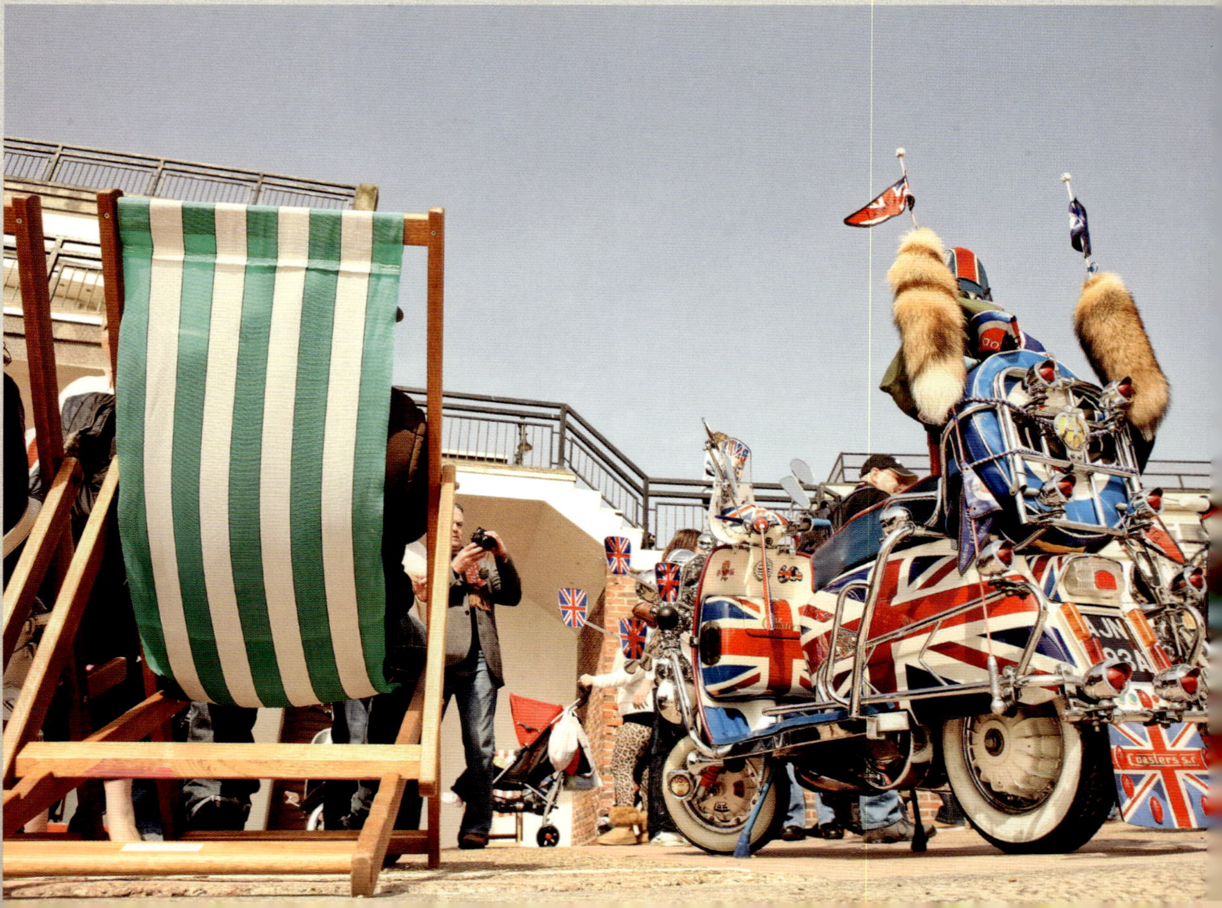

Der IWL Pitty

In der Nachkriegszeit weiteten diverse Hersteller ihre Geschäftsfelder auf die Konstruktion von Motorrollern aus. Auch in Ostdeutschland stieg Anfang der 1950er-Jahre der Bedarf an kostengünstigen Fahrzeugen des Individualverkehrs rapide an. Nachdem die ehemalige Liegenschaft der Daimler-Benz Motoren GmbH am Rande von Ludwigsfelde südlich von Berlin, wo seit 1936 Flugzeugmotoren gebaut worden waren, in Staatsbesitz übergegangen war, richtete man dort den VEB Industriewerke Ludwigsfelde (IWL) ein. Nach anfänglicher Produktion unter anderem von Landmaschinen folgte die Entwicklung einer Rollerserie, wobei das Design dem westdeutschen Goggo-Roller nicht unähnlich war. IWL entschied sich allerdings für einen vor dem Hinterrad montierten Motor, was einen besonders langen Radstand mit eher ungünstigem Handling zur Folge hatte. Zusammen mit Handkupplung und Fußschaltung war das, was sich unter der Karosserie verbarg, einem Motorrad ähnlicher als dem typischen Roller. Nur selten erreichten die 123 ccm des 5-PS-Zweitakters die angeblich machbaren 70 km/h. Der Pitty galt jedoch als guter Tourenroller, und als 1956 die Produktion des Modells eingestellt wurde, hatte das Werk 11 293 Exemplare ausgeliefert.

Lui »Ende der Achtziger machte ich mich auf meiner Lambretta von den Midlands auf nach London: Ich wollte bei einer Ballettkompanie anheuern. Da war der Roller unverzichtbar, wenn ich auf Abruf quer durch die Großstadt zum Vortanzen musste. Ich wuchs in der Zeit auf, als der Northern Soul schneller wurde – ein heftiger Beat! Typen, die die ganze Woche nur geklotzt hatten, wollten am Wochenende nichts als Abtanzen. Mir fielen die Spins, Flips und Backdrops um einiges leichter. Dass ich zum Ballett wollte, war daher nie Thema – meine Moves sorgten höchstens für neidische Blicke. Während ich an meinen Tanzkünsten feilte, war der Roller aus meinem Leben schon längst nicht mehr wegzudenken. Ich muss meinen ersten mit etwa zwölf bekommen haben. Seit damals habe ich mich fast ausschließlich an Lambrettas gehalten.« Auf dem Höhepunkt seiner Karriere war Patrick Meistertänzer des britischen Vienna Festival Ballet, mit dem er unter anderem 97-mal in nahezu ununterbrochener Folge Tschaikowskis *Schwanensee* aufführte. Doch nach zehn Jahren auf Tournee begannen sich die körperlichen Strapazen bemerkbar zu machen; es war an der Zeit für eine Umorientierung, und er nahm seine zweite Leidenschaft in den Blick: Motorroller.

»Für mich bot sich die Rollerreparatur und -restauration an, zumal zu der Zeit – Ende der Neunziger – so gut wie niemand so etwas machte. Während meiner Jahre beim Ballett war ich in der Rollerszene aktiv gewesen, und es war bekannt, dass ich von der hohen Kunst der Rollermechanik so einiges verstand. Kam ich nach drei bis sechs Monaten auf Tour wieder nach Hause, standen sofort Leute vor der Tür, denen ich

die Roller reparieren sollte – eine gute Kundenbasis existierte also. Ruck, Zuck hatte ich meine Werkstatt, die Scooter Surgery, eröffnet.

Die Lambretta Lui ist ein heute fast vergessenes Modell; sie trat vor fünfzehn Jahren in mein Leben. Mit der grazilen Optik sammelte sie bei mir lauter Pluspunkte, nur die Fahrleistung war absolut erbärmlich. Ich vertrete Casa Lambretta in England, also habe ich deren Upgrade-Kit genommen und die Lui von 50 Kubik auf 75 Kubik aufgerüstet – dieselbe Leistung wie die größere Vega. Das verwandelte sie in einen wirklich brauchbaren Scooter für die Fahrt zur Arbeit. Sie ist der ideale Stadtroller: So schmal, dass sie durch enge Lücken passt, und dazu federleicht, sie lässt sich auf dem Punkt wenden. Eines bestätigt sie auf jeden Fall: Gutes Design bewährt sich – selbst heute, nach 50 Jahren, könnte man sie für ein modernes Modell halten. Die Lui ist für mich die stille Heldin der Lambretta-Flotte.« Da sagt Patrick etwas Wahres. Das Design-Team Bertone konzipierte die Lui zur Zeit des Wettrennens zum Mond; das bevorstehende Raumfahrtzeitalter hat die radikal moderne Aufmachung deutlich geprägt. Der vordere Teil des Rahmens ist aus Stahlrohr konstruiert, der hintere eine Monocoque-Schale; so erinnert das Modell an die frühen »D«-Typen. Und doch erwies sich die Lui wie jedes neue Produkt als abhängig vom Timing der Markteinführung: Die Roller-Verkaufszahlen waren bereits rückläufig, als sie vorgestellt wurde. 1969, nach lediglich zwei Jahren, wurde ihre Produktion eingestellt.

Auf diesen Seiten war schon diverse Male davon die Rede, dass etliche Hersteller von Motorrollern zuvor völlig andere Produkte fertigten. Dies gilt auch für die italienische Firma Moto Rumi, die vor dem Zweiten Weltkrieg auf die Herstellung von Gussteilen für Textilmaschinen spezialisiert war. Mit Kriegsbeginn hatte sie sich der Produktion von Rüstungsgütern zugewandt und stellte unter anderem Anker, Miniatur-U-Boote und Torpedos her. Angetrieben durch die Nachfrage in Europa entwickelte und produzierte sie ab 1951 Motorroller, darunter den Formichino. Der Maler und Bildhauer Donnino Rumi, Sohn des Firmengründers, modellierte dieses Modell sorgfältig aus Ton, bevor es aus Aluminium gegossen wurde. Mit seinem horizontal angeordneten Zweizylinder-Zweitakter mit 125 ccm war die »Kleine Ameise« der angeblich schnellste Motorroller seiner Zeit. Die Höchstgeschwindigkeit lag bei etwa 75 km/h, was heute nicht beeindruckend klingt, doch in Kombination mit dem Motorenlärm und der Größe des Geschosses ein berauschendes Fahr-

Moto Rumi erlebnis garantierte.

Das Familienerbstück

»Ich war gewaltig aufgeregt, als mein Vater mit mir kurz nach meinem vierzehnten Geburtstag in einen schiefen Schuppen ging, um mir seine rostige, eingestaubte 50er Vespa, Baujahr 1964, zu vermachen. Sofort habe ich sie herausgezerrt, und es dauerte nicht lange, da hatte ich mit der langwierigen Restaurierung begonnen. Die Vespa hat mir viele Jahre treue Dienste geleistet; in dieser Zeit habe ich viel praktische Erfahrung für meine späteren Roller-Eskapaden gesammelt«, erzählt Omar Betti.

»Meine derzeitige Lambretta Li 125 gehörte einmal meinem Großvater. Im Laufe der Zeit wurde sie als Erbstück weitergereicht, erst an meinen Vater, dann an mich. Mein Großvater ist früher damit in der Gegend rund um seinen Heimatort Porcari auf die Jagd gefahren. Vorräte, Flinte und Hund kamen in den Seitenwagen; so hat er sich aufgemacht, um spät am Tag zurückzukehren, wenn die Sonne schon tief am Himmel stand. Sein todmüder Hund teilte sich dann den Seitenwagen mit etlichen erlegten Vögeln. Heute transportiert der Beiwagen schönere Fracht – meine Freundin Valentina.« Omar ist stolz auf seine 125er Li2 von 1963, komplett mit Longhi-Seitenwagen. Schon lange ist er Mitglied im Lambretta Club Lucca.

»Als ich von meiner ersten längeren Ausfahrt mit Beiwagen zurückkehrte, brannten mir die Arme – ich hatte unterschätzt, wie viel zusätzliche Kraft nötig ist, wenn man ein Gespann um Kurven lenkt. Trotzdem liebe ich den Roller heiß und innig, es ist schon etwas Besonderes, ihn mein Eigen nennen zu können – bis ich ihn selbst an die nächste Generation weitergebe. Einen so schönen Roller zu fahren ist herrlich. Zum einen ist die Szene der Oldtimer-Fahrer in Italien sehr aktiv, und zum anderen können Valentina und ich damit auf gemütliche Tour gehen, dabei entspannen und Zeit für uns haben.«

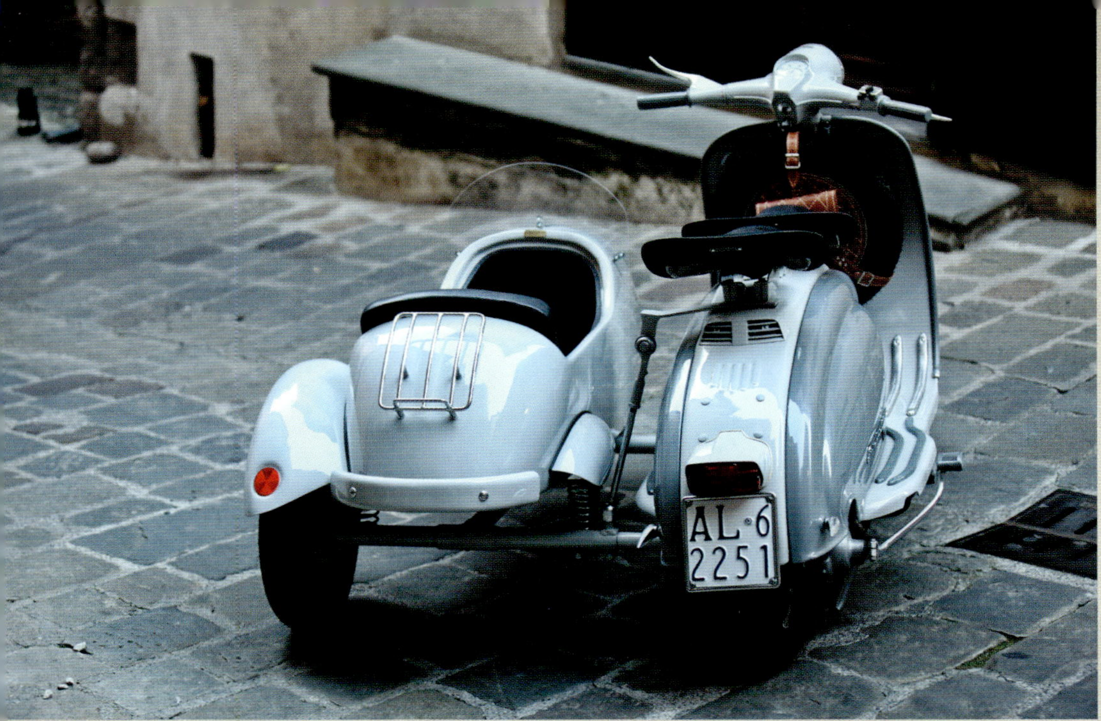
AL 6
2251

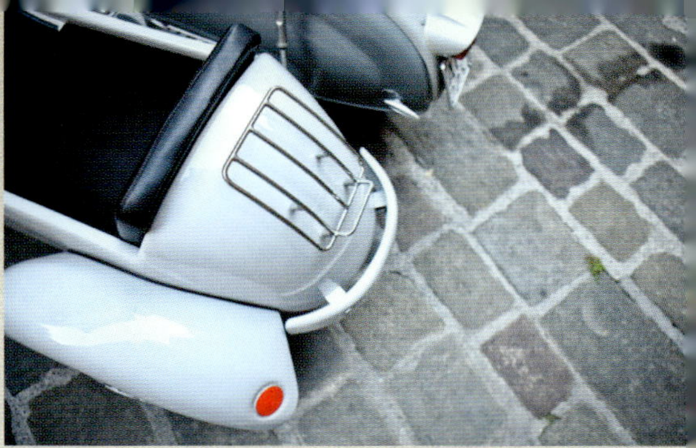

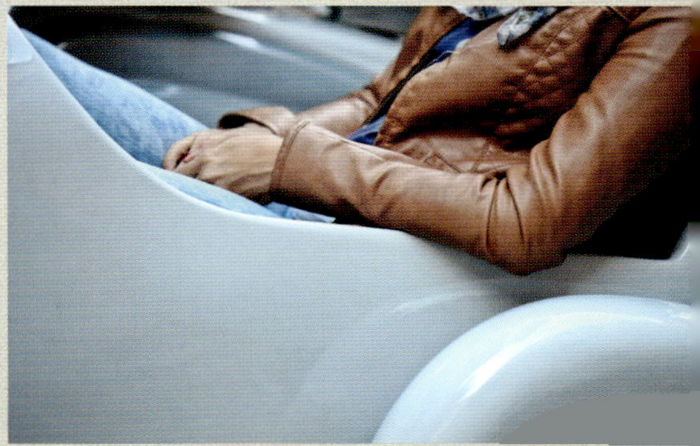

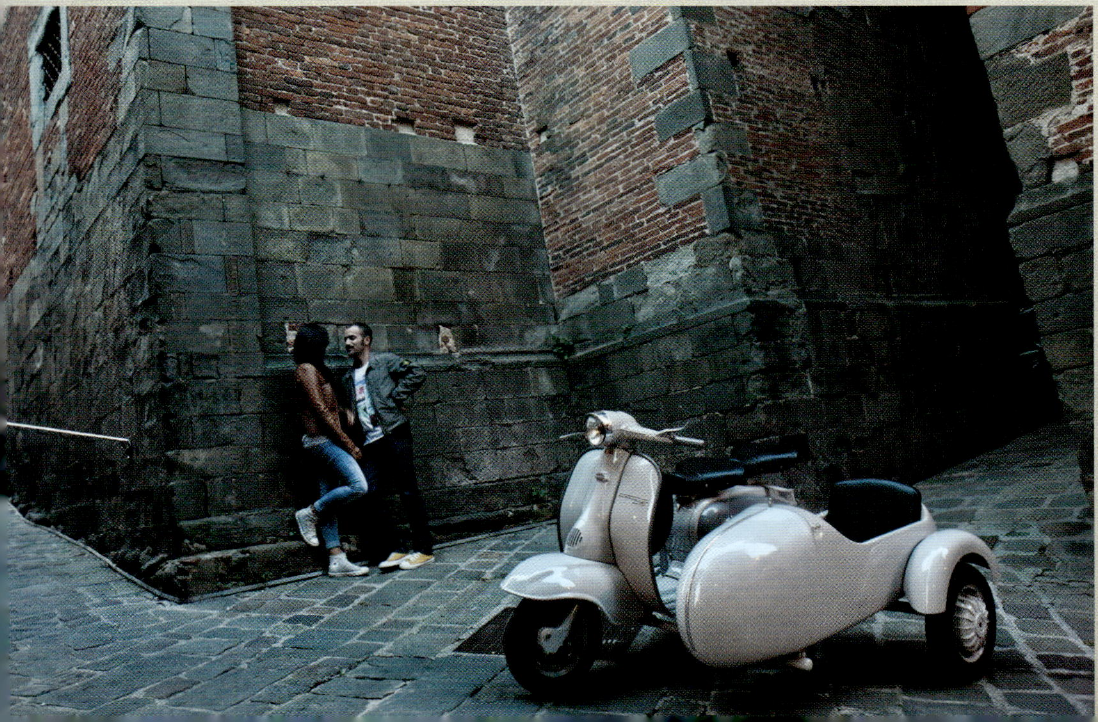

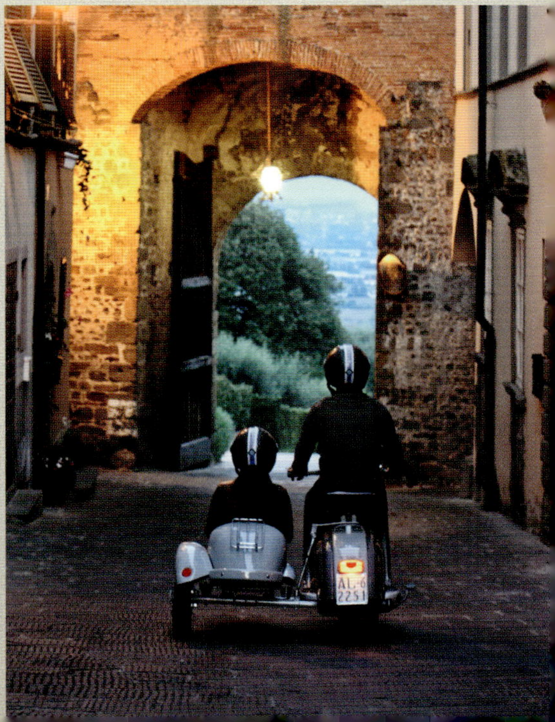

Nützliche Adressen

Scooter-Clubs

Bond Owners Club
www.bondownersclub.co.uk

Darkside Scooter Club
www.darkside-sc.net

Heinkel
www.heinkel-trojan-club.co.uk

Hotwheels Scooter Club Siena
www.hotwheelsclub.it

Lambretta Club of Great Britain
www.ilambretta.co.uk

Lambretta Club Italia
www.lambrettaclubitalia.it

Lambretta Club Lucca
www.lambrettaclublucca.it

Lambretta Club USA
www.lambretta.org

Moto Rumi Club
www.motorumiclub.co.uk

NSU
www.nsuoc.co.uk

Triumph-Motorroller
www.triumphscooters.co.uk

Vespa Club of Britain
www.vespaclubofbritain.co.uk

Vespa Club Italia
www.vespaclubditalia.it

Vespa Club USA
www.vespaclubusa.com

Veteran Vespa Club
www.veteranvespaclub.com

Vintage Motor Scooter Club
www.vmsc.co.uk

Zundapp Bella Enthusiast Club
www.zundappbella.co.uk

Outfits

Belstaff
www.belstaff.co.uk

Ben Sherman
www.bensherman.com

Biltwell Inc.
www.biltwellinc.com

Bolt London
www.boltlondon.com

Dawson Denim
www.dawsondenim.com

Fred Perry
www.fredperry.com

Gibson London
www.gibsonlondon.com

Holden
www.holden.co.uk

Maple Moto
www.maplemoto.com

Scott Fraser Collection
www.scottfrasercollection.com

Ideen, Inspirationen, Reiseziele

Bar Italia Soho
www.baritaliasoho.co.uk

Classic Scooterist
www.scooteristscene.com

New Untouchables
www.newuntouchables.com

Pageant Paintwork
www.pageantpaintwork.com

Scooter Geek
www.scootergeek.co.uk

Scootering (Roller-Magazin)
www.scootering.com

The Distinguished Gentleman's Ride (Fundraiser)
www.gentlemansride.com

Händler, Restaurierung, Reparatur & Ersatzteile

A.F. Rayspeed
www.afrayspeed.co.uk

Agius Scooter
www.agiusscooters.com

Allstyles Scooters
www.allstyles-scooters.com

Cambridge Lambretta Workshops
www.lambretta.co.uk

Casa Lambretta
www.casalambretta.it

Gran Sport Scooters
www.gransportscooters.com

Jahspeed Scooters
www.jahspeedscooters.com

Medway Scooters
www.medwayscootersltd.moonfruit.com

Retrospective Scooters
www.retrospectivescooters.com

Rimini Lambretta Centre
www.riminilambrettacentre.com

San Francisco Scooter Centre
www.sfscootercentre.com

Scooter Emporium
www.scooteremporium.com

Scooter Moda
www.scootermoda.com

Scooter Restorations
www.scooterrestorations.com

Scooter Surgery
www.scootersurgery.co.uk

Scooter Trader
www.scootertrader.com

Scooter Works
www.scooterworks-uk.com

Scooters Originali
www.scootersoriginali.com

Scootopia (Casa Lambretta UK)
www.scootopia.co.uk

Soul Scooter
www.soulscooter.com

Supertune
www.supertune.co

Vintage Scooter Service (FR)
www.vintagescooter.com

Museen

Lambretta-Museum
www.lambrettamuseum.com

Piaggio-Museum
www.museopiaggio.it

Deutsche Adressen

Allgemein
www.motorroller-info.de

Forum, klassische Roller
www.germanscooterforum.de

Ersatzteile
www.sip-scootershop.com/de

Goggo-Roller
www.glasclub.org

Heinkel
www.heinkel-club.de

Lambretta
www.lambretta-club-deutschland.de

Zündapp Bella
www.bella-ersatzteile.de
www.zuendappshop.de

Rollermagazine
www.motoretta.de
www.scooterzine.at

Bildnachweis

Sämtliche Fotos stammen von Lyndon McNeil,
wenn nicht anders angegeben.
www.lyndonmcneil.com

zusätzliche Bildinformationen: Seite 1 Unknown Pleasures; Seite 2–3 Supertune – Die Lambretta SX 225; Seite 4 Waterloo Sunset; Seite 6 Achterbahn; Seite 9 Clacton-on-Sea (Das Schlachtross); Seite 10 Silver; Seite 54 Vespa Cosa 200; Seite 112 Perfektion; Seite 157 oben: Ednetta, Mitte: Hotel Navarra, unten: Clacton-on-Sea; Seite 160 NSU Prima

Dank

Ich freue mich noch immer über diese Serie, die ich mitbegründet habe und die nun schon wieder Zuwachs erhält. *Mein cooler Roller* ist der sechste Band, an dem ich beteiligt bin, und ich möchte all jenen danken, die uns unterstützen, indem sie die Bücher kaufen und davon weitererzählen.

Immer wenn die Recherchen und Fotoarbeiten abgeschlossen sind und das Material beim Verlag liegt, kommt eine meiner schönsten Aufgaben: An die Arbeit der vergangenen Monate zurückdenken und mich bei all jenen bedanken, die zum Entstehen des Buches beigetragen haben. Wie schon zuvor danke ich hiermit Pavilion Books und ganz besonders meiner Lektorin Fiona Holman. Mein Dank geht außerdem an Nick Welsh, Ashley Phipps, Andrew Almond, Paolo Angelini, Stuart Hannay und Sarah Bradley für ihre unschätzbare Hilfe.

Und natürlich ein ganz herzliches Dankeschön an alle Scooteristen, die in diesem Band vorgestellt werden: Eurem großen Einsatz ist es zu verdanken, dass wir diese Buchidee umsetzen konnten; wie schon bei den Vorgängerbänden haben Lyndon McNeil und ich dabei viele nette Leute kennengelernt.

Ich widme dieses Buch Maureen Hunt, meiner wunderbaren (jawohl!) Schwiegermutter. Nicht nur toleriert sie die hirnrissigen Ideen und die seltsamen fahrbaren Untersätze, mit denen ich ankomme, sondern sie hat mich bei diesem wie schon bei anderen Büchern gewaltig unterstützt.

Ich hoffe, Sie als Leser werden an diesem Band genauso viel Spaß haben wie Lyndon und ich bei der Umsetzung unseres Themas.

Chris Haddon

Chris Haddon arbeitet seit über zwanzig Jahren als Designer und hat eine Passion für alles, was unter den Begriffen »retro« und »Vintage« läuft. In seiner Sammlung befindet sich ein umgebauter Airstream aus den 1960er-Jahren, in dem er das Studio seiner Design-Agentur eingerichtet hat.

Lyndon McNeil

Bereits als Schüler war Lyndon McNeil selten ohne Kamera anzutreffen. Seitdem füllt er seine Fotografen-Nische mit allem, was Räder hat; seine Fotos finden sich auf den Seiten der besten Auto- und Motorrad-Magazine der Welt. Die »coole« Buchserie profitiert sehr von seinem Blick für den perfekten Bildausschnitt.

Titel der Originalausgabe: *My Cool Scooter*
Die englische Originalausgabe ist 2015
bei Pavilion Books, London, erschienen.

Text Copyright © Chris Haddon 2015
Redaktion: Fiona Holman
Fotografien: Lyndon McNeil
Styling: Chris Haddon
Design: Steve Russell
Herausgeberin: Ian Allen

Deutsche Erstausgabe
Copyright © 2015 von dem Knesebeck GmbH & Co. Verlag KG, München
Ein Unternehmen der La Martinière Groupe
Übersetzung: Claudia Arlinghaus
Lektorat und Satz: Gunnar Musan, München
Druck: 1010 Printing International Ltd
Printed in China

ISBN 978-3-86873-875-9